VISUAL ENGINEERING

カラー図解

鉄と鉄鋼がわかる本

日本製鉄(株) 編著

日本実業出版社

はじめに

　普段の生活の中で、身近にありながらも、土木建築物では構造的支えとなり、自動車や家電製品では美しく塗装され、なかなかその存在に気付きにくい鉄。しかし、この地球上で最も多く使われている金属、鉄がなければ私たちの生活は成り立たないといっても良いでしょう。

　そのような「縁の下の力持ち」のような存在の鉄ですが、その誕生は、宇宙の誕生まで遡ります。悠久の歴史の中で生成され、蓄積され、今日、鉄鉱石として採掘されています。そして、古代石炭紀を中心とする時代に作られた石炭を原料とするコークスにより還元され、私たちの生活に用いられるように加工されます。このように、鉄鋼製品の誕生物語は壮大な歴史のロマンに包まれているのです。

　世界の最先端を行く日本の鉄鋼製造技術は、宇宙からの贈り物である鉄を、いかに私たちの生活の進歩に役立つようにしていくかという、いわば「現代の錬金術」でしょう。ものづくりの現場に身を置くとき、そのテクノロジー（技術）は、幅広い分野の、そして、奥の深いサイエンス（科学）に裏打ちされたものだということが分かります。第一線の鉄鋼研究者がその一端を語るとき、鉄づくりにかける情熱と鉄の将来性への希望は、胸を打つものです。そして、どんなに高度な技術でも、そのエッセンス（真髄）は、一般の人々にとっても、ストレートに理解することができ、感動を与えるものだということに気付きます。

　このような「ものづくりの原点－科学の世界」を広く皆様に知っていただき、感動を共にしたいと思い、旧 新日本製鉄(株)では当時の広報誌『ニッポンスチール・マンスリー』（『季刊 新日鉄住金』を経て『季刊 ニッポンスチール』に継承）で連載企画を始めました。高度な技術の基盤となる科学の世界を、分かりやすく、面白くご紹介したいと思って始めた企画ですが、お蔭様で好評シリーズとなりました。そこで、このたびシリーズをまとめて、出版する運びとなった次第です。

　本書は、いわば「鉄づくりの原点」を探る旅。最先端の鉄づくりの面白さのエッセンスを紹介しています。鉄鋼製造プロセスや鉄鋼製品を網羅的に述べることは狙っていませんが、結果的に鉄づくりの全体を眺めることができるようになっています。

全体の流れとしては、まず、宇宙からの恵である鉄について、「生い立ち」「魅力」「広がり」を探ります（第1章）。そして、天然資源である鉄鉱石から鉄を生み出す高温下の化学反応「製銑」（第2章）、そこから実用に適した強靭な鋼を生み出す「製鋼」（第3章）、そうして作られた硬い鋼を薄く延ばす熱間圧延工程の「塑性加工技術」を見ていくこととします（第4章）。さらに、鉄と鉄をつなぐ「接合技術」の世界では、あらゆる溶接方法を使うことができ、溶接も溶断も容易な鉄の魅力を再確認することができます（第5章）。

　鉄鋼製品は土木建築、造船、自動車、家電、容器等まで、広い範囲で使用されます。本書では、最先端の技術が用いられている分野のひとつとして、身近に使われている鋼材である自動車用鋼板の世界にスポットを当てました。「軟らかくて強い鉄への挑戦」をその背景にある「鉄の結晶構造」から探り、永遠のテーマである「錆との戦い」を「めっき」のメカニズムの解明から解き明かします（第6章）。

　そして最終章では、各界で鉄にかかわりながら活躍する方々の鉄に願いを込めたメッセージをお伝えします。

　広く皆様に、とりわけ、これからの日本のものづくりを支えていく若い世代の方々にお読みいただき、鉄づくりの感動を分かち合うことができれば幸いです。そして、皆様の共感をいただくことができれば、まだまだたくさんある鉄と鉄鋼の魅力をご紹介する企画を続けていきたいと考えています。

日本製鉄株式会社

目　次

はじめに

第1章　鉄の生い立ちと、鉄鋼製品ができるまで

1. 宇宙で誕生した鉄が鉄鉱石になるまで ………… 8
2. 生物の進化、人間の生命に不可欠な鉄 ………… 16
3. 鉄鋼製品が生まれる製鉄所 ………………………… 20
4. 鉄鋼製品が生まれるまで …………………………… 24
5. いろいろな鉄鋼製品 ………………………………… 28

第2章　鉄鉱石から鉄を生み出す

1. 「高炉」の歴史とメカニズム ……………………… 38
2. 操業のポイントは高炉の"体調管理" …………… 46
3. 操業の"技"と高炉技術の未来 ………………… 52

● コラム　"国際分業"も視野に入れた原燃料使用に挑戦を！　59

第3章　鋼を生み出す

1. 製鋼法の主流となった転炉法　………… 62
2. 着実に進化する精錬技術　……………… 70
3. 連続鋳造の役割と挑戦　………………… 76
4. 製鋼技術の新たな可能性　……………… 84

● コラム　鋼の魅力はシンプルさと奥深さ…91

第4章　形をつくり込む

1. 硬い鉄を延ばすための技術　…………… 94
2. 効率的多品種生産への挑戦　…………… 102

● コラム　創形に加え"創質"を…109

第5章　鉄と鉄をつなぐ

1. 溶接のメカニズム・種類と鉄の特徴　……… 112
2. 溶接が生んだ新技術と今後の可能性　……… 120

● コラム　製鉄業を支える溶接技術…129

第6章　軟らかくて強い、そして錆びない鉄を！

1. 組織制御で材料特性を自在に操る　………… 132

● コラム　人と地球を救うハイテン…139

2. 錆から鉄を守る"めっき" ……………………… 140
3. "総合技術"で成り立つ表面処理 …………… 148

● コラム　化粧から機能へ…155

第7章　鉄に願いを

韓日アイアンロードの絆をさらに強いものに
　　　POSCO人材開発院教授 ……… 李　寧熙氏　158
たたらを現代に
　　　東京工業大学名誉教授 ………… 永田 和宏氏　160
硬い鉄を自在に操る
　　　伝統工芸作家　第五十二代 …… 明珍 宗理氏　162
金属の気持ちになって金属と対話する
　　　京都大学名誉教授 ……………… 牧　正志氏　164
自分の心を映し出す鉄は、素直です
　　　彫刻家 ………………………… 青木 野枝氏　166
「鉄と色糸の無限大の可能性を探る〈旅〉」へ
　　　美術家 ………………………… 辻　けい氏　168

※各氏の肩書きは取材当時のものです。

INDEX

カバーデザイン／大下賢一郎
本文組版＆図版作成／高津俊彦（高津事務所）
編　　　　集／深澤和生、長井有希子、石井香奈子（旧 新日本製鉄総務部広報センター）
編　集　協　力／柳原正樹、宮島信二、新井順子（日活アド・エイジェンシー）

1

鉄の生い立ちと、鉄鋼製品ができるまで

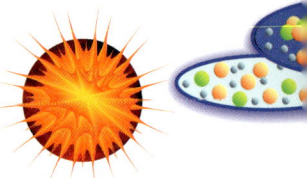

約46億年前に地球を形成した「鉄」。人類の進歩に欠かせない素材であるとともに、生物の進化や人間の生命に不可欠な金属だ。鉄は、宇宙の誕生と同時に始まった核融合の最終の姿で、構造的に最も安定した元素と言われる。鉄は地球重量の約30％を占め、その可採埋蔵量は約1700億トンと、他の金属と比べて格段に多い。この章では、そうした鉄の生い立ちや生物（人間）との関わりを探るとともに、自然の産物である鉄鉱石が鉄鋼製品に生まれ変わるプロセスとさまざまな製品の概要を紹介する。

1 宇宙で誕生した鉄が鉄鉱石になるまで

宇宙が生んだ究極の作品「鉄」

鉄の起源は宇宙の誕生まで遡る。宇宙は、138億年前に起きた**ビッグバン**と呼ばれる大爆発で生まれたと考えられている。

ビッグバンにより、それまでの物質が何もない状態から、**原子**を構成する陽子や中性子が生まれ、それが結び付いてヘリウムの原子核(陽子2、中性子2)ができた。この時は、陽子、ヘリウム、電子、電磁波などが飛び回っている混沌とした世界だった。

ここまでは、ビッグバン後、わずか3分間の出来事だったと言われる。その後38万年あまりが経過して、宇宙の温度が約3000℃に下がると、原子核に電子が引きつけられて水素やヘリウムの原子ができた。電子の動きが制限されるようになったため、宇宙が"晴れ上がり"見通しが良くなったのである。

しばらくの間、エネルギー的に安定したこれら2つの基本的元素が、宇宙空間を漂っていた。やがて**ダークマター**と呼ばれる物質の「揺らぎ」に引き寄せられ、水素とヘリ

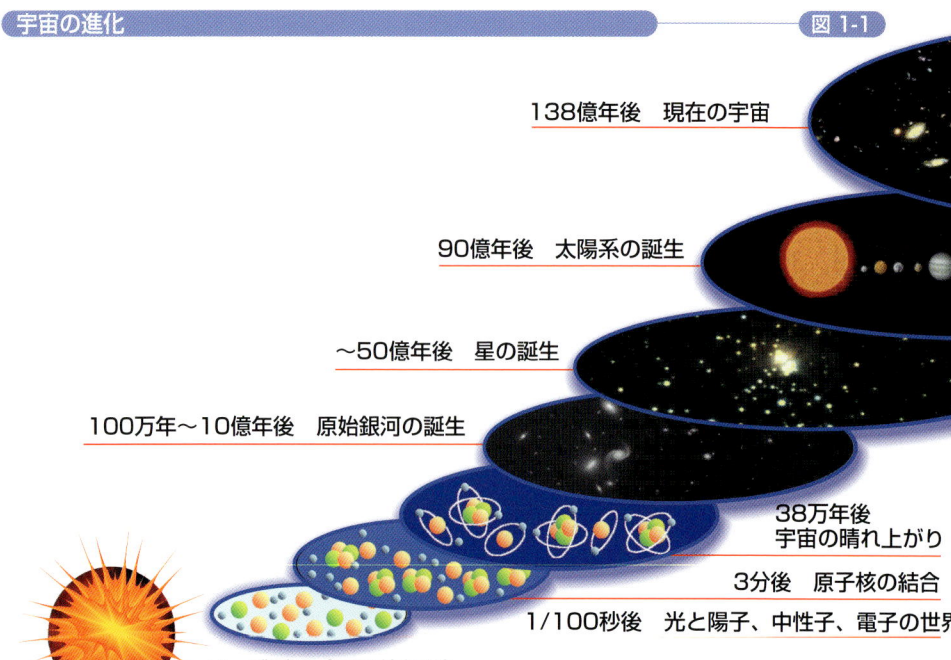

宇宙の進化　　　　　　　　　　　　　　　　　　　　　　　　　図 1-1

- 138億年後　現在の宇宙
- 90億年後　太陽系の誕生
- ～50億年後　星の誕生
- 100万年～10億年後　原始銀河の誕生
- 38万年後　宇宙の晴れ上がり
- 3分後　原子核の結合
- 1/100秒後　光と陽子、中性子、電子の世界
- ビッグバン（138億年前）

年数はビッグバンを起点とする

第1章　鉄の生い立ちと、鉄鋼製品ができるまで

ウムが徐々に集まってガス状の雲となり、**恒星**をつくったと考えられている（**図1-1**）。

　そして、その引力で原子同士が押し付けられて熱が発生し、温度上昇によるエネルギーを生み出す。そこで新たに陽子、中性子の結合が進み、水素、ヘリウム以外の元素が次々と生み出される。これが「核融合」（熱核反応）と呼ばれる現象だ（**図1-2**）。核融合では、原子核を構成する陽子や中性子の数が増えるため原子核の総質量は増す。こうして質量を増しながら安定な元素に近づき、ニッケルまで進んだ後（**第1世代の終焉**）、原子核崩壊（β崩壊と呼ばれる）＊を経て「鉄」が生成される。

　核融合が起こると、結合による熱エネルギーが放出され、陽子や中性子1つ当たりの質量（エネルギー）は徐々に軽くなる（アインシュタインの特殊相対性理論）。放出されるエネルギーが大きいほど原子核の中の陽子と中性子の結合エネルギーが大きく、原子核崩壊しにくくなる。すなわち、安定な元素（原子核）である。鉄の原子核を構成する陽子や中性子は、数ある元素の中では1つあたりの質量が最も小さく、ニッケルと

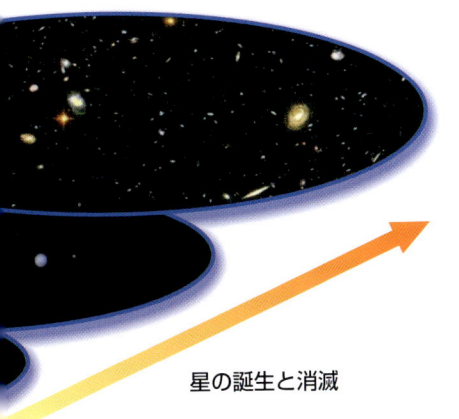

星の誕生と消滅

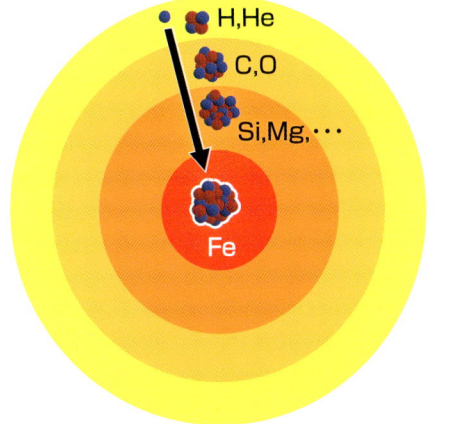

「鉄」の誕生　　　図1-2

138億年前に起きた「ビッグバン」と呼ばれる大爆発で生まれた宇宙は、星の誕生と消滅を繰り返し、進化してきた。鉄の星「地球」が誕生したのは46億年前、つまりビッグバンから90億年後だ。

恒星の引力で原子同士が熱エネルギーを生み出し、新たに陽子、中性子の結合が進み、水素、ヘリウム以外の元素が生み出される現象が、「核融合」（熱核反応）だ。やがてこの反応は鉄で終わった。

原子核崩壊：放射線を出す能力（「放射能」）を持っている放射性元素が、自ら自然に放射線を出して、別の元素に変わること。β（ベータ）崩壊とは、ある原子が原子核からβ線（電子線のこと）を出して別の原子（元素）に変わること。ニッケル56（原子量56のニッケル、^{56}Ni）は2度のβ崩壊を経て鉄56（原子量56の鉄、^{56}Fe）に変わる。

同様に最も安定な元素の一つである。(**図1-3**)。鉄は、宇宙がつくられる過程で陽子や中性子をできるだけ安定な状態で結合させた、まさに"鉄のスクラム"の体現といえる。

鉄は、宇宙という"錬金術師"の"究極の作品"だ。

🌐 鉄の星「地球」誕生

鉄は、**核融合**の最後に誕生する。しかし、実際には太陽ぐらいの大きさでは、核融合が進んでも炭素(陽子6個、中性子6個)や酸素(陽子8個、中性子8個)までの元素しかできない。鉄ができるのは、太陽の約8倍から30倍の大きさの恒星の場合だ。

これらの恒星の中心部では、宇宙の時間としては比較的速い3,000万年程度の時間を経て、コンパクトでそれ以上反応が進まない鉄が生まれて、核融合が終わる。

しかし、鉄まで核融合が進んだ恒星は、そこで変化が止まるわけではない。さらに外からさまざまな原子が引き寄せられ、恒星の中心部では、これまで安定的に存在していた鉄の原子核が重力崩壊してしまう。

さらに温度・圧力が高まると、陽子は電子と衝突して中性子に変化し、このときに

ニュートリノ*を放出する。大量に放出されたニュートリノの一部が、外側に存在する原子にぶつかり、大爆発を起こす。これが**超新星爆発**だ。

また、この爆発の後には中性子からなる高密度の核が残るが、その質量が太陽の2～3倍なら**中性子星**となり、それ以上なら重力崩壊が止まることなくブラックホールになる。そしてこの**中性子星同士が合体**すると、その際の爆発でも大量の中性子が放出される。(※)
原子番号の順番で鉄以降の元素の陽子や中性子は鉄よりも重く(**図1-3**)、元素合成には何らかのエネルギーが必要だ。つまり上記の爆発のエネルギーと大量の中性子が、これらの元素の誕生を可能にした(**第2世代**)。

そしてこの爆発で鉄までの第1世代の元素も、鉄以降の第2世代の元素も飛ばされ、宇宙に漂う。

このようにしてさまざまな元素が誕生した。その生い立ちから、宇宙での存在量は、ビッグバンで生まれた基本的元素である水素とヘリウムが最も多い。しかし、第1世代の元素は放っておくと核融合が進み、最終的に鉄に収斂されるため、宇宙での鉄の存在量は特異的に多い(**図1-4**)。

ニュートリノ：物質を構成する最小単位である素粒子の1つ。電気的に中性(電荷を持たない)で、大きさはゼロだが質量がある。

(※) これらの新知見は2017年ノーベル物理学賞を受賞した重力波天文学の進展によるもので、鉄以降の元素合成の解明は、まさに先端科学分野である。

陽子・中性子が最も軽い「鉄」

図 1-3

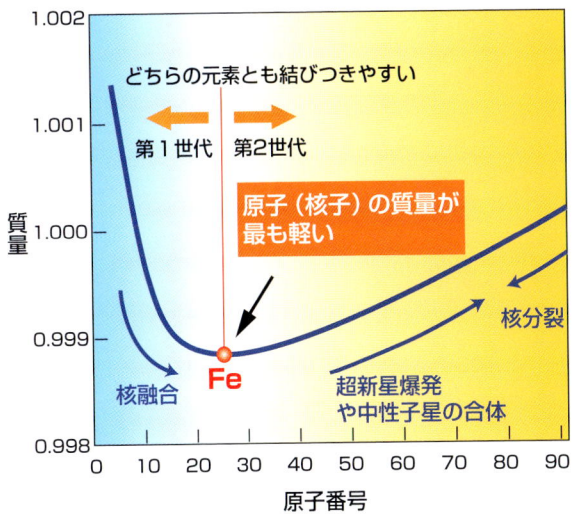

核融合が起こると原子核の総質量は増すが、結合エネルギーの放出で、陽子や中性子1つ当たりの質量（エネルギー）は徐々に小さくなる。鉄の原子核を構成する陽子や中性子1つ当たりの質量（エネルギー）は元素の中では最も小さい。

宇宙における元素の存在量

図 1-4

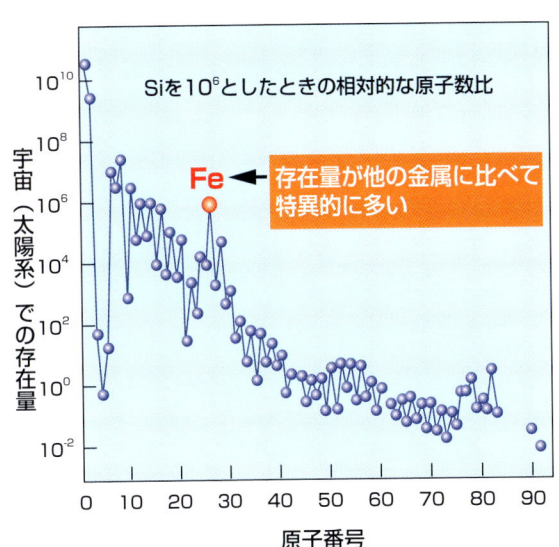

宇宙での鉄の存在量は特異的に多い。鉄より軽い元素も鉄より重い元素も、星の誕生・消滅を繰り返すうちに、いずれは鉄に変わってしまう。

また、第2世代の元素は、超新星爆発以降の星の進化が起こらないと生成しないため、存在量も少なく、さらに核分裂や、恒星の中での核反応により鉄に収斂する方向にある。宇宙に深っている水素やヘリウムやその他の元素が集積して新たに誕生した太陽では、中心部の温度が上がり水素が燃えて、光り輝きながらヘリウムに再び核融合する反応が始まった。太陽に吸収されなかった塵は、太陽の赤道面に円盤状に集まり、それが集積して多くの**惑星**が誕生した。その1つが**地球**だ。

約46億年前に誕生した地球は、太陽に近いために比較的重い元素が集まって形成されたので、存在量の多い鉄がその構成の主体となっている。誕生間もない頃は高温で、部分的には溶融状態だった。そのため物質の移動が容易に進み、重力によって中心核、マントル、地殻の3つの層から成る構造ができ上がった(**図1-5**)。

鉄鉱石の生い立ち

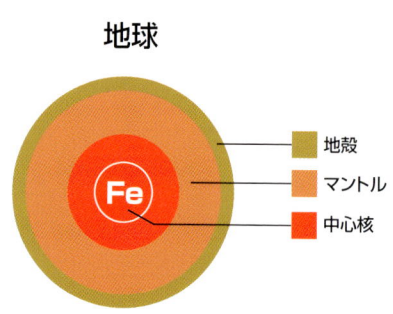

鉄は地球の総量のおよそ3分の1を占める。

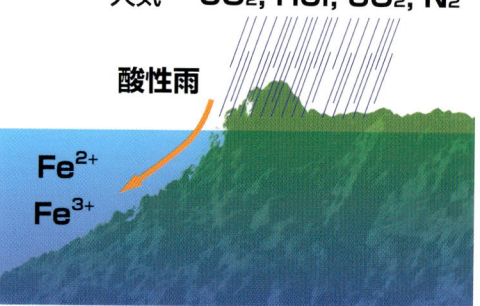

地球の誕生当時、酸性雨により地表の鉄分が鉄イオンとして溶け出し、海に流れ込んだ。

46億年前 → 38億年前

第1章　鉄の生い立ちと、鉄鋼製品ができるまで

　地球は、鉄、珪素・マグネシウムの酸化物から成り立ち、最も量が多いのが鉄で、総重量の34.6%を占める。このように地球は鉄の塊だ。

なぜ重い鉄が地表にあるのか？

　地球の誕生当時、大気には酸素がなく、二酸化炭素や塩酸、亜硫酸ガス、窒素が充満していた。大地には酸性雨が降り注ぎ、地表の鉄分が溶けて海に入っていった。

　当時は海中にも酸素がなかったため、嫌気性(酸素を嫌う)細菌などの生物が海中で誕生したが、約30〜25億年前になると**シアノバクテリア**(藻類に近い細菌)が生まれ、光合成によって海中に酸素を出し始めた。

　その酸素は鉄と結合し、固体の酸化鉄となって沈殿して堆積し**鉄鉱床**を形成した。そして約15億年前に、その鉄鉱床を含む層が海底の隆起によって地上に現れ、いわゆ

図 1-5

約30〜25億年前に生まれた光合成を行う「シアノバクテリア」により海中に供給された酸素が鉄と結合して酸化鉄として堆積。「鉄鉱床」が形成された。

海底の隆起により鉄鉱床を含む層が表層に現れて鉱山ができ上がった。

20億年前 ──▶ 15億年前

る鉄鉱石の鉱山ができあがった(**図1-5**)。

現在、**露天掘り***が可能な鉄鉱石は、かつて海底に沈んでいた証拠として層状になっている(**写真1-1**)。北南米、インド、オーストラリア、アフリカに広く分布する古い地層の堆積鉄鉱床は、その当時生まれたものだ。

現在、鉄の可採埋蔵量は約1700億トンで、他の金属に比べて桁違いに多い(**図1-6**)。しかし、我々が利用している鉄は地表のものだけで、地球に存在する総量のごくわずかにすぎない。海底にも鉄鉱石は無尽蔵にある。また、鉄は重たいため地球ができる過程で沈み、中心核(コア)にいくほど量が多くなるが、地表でも鉄は酸素、珪素、アルミについで多く存在している(**図1-7**)。

ではなぜ重い鉄が地表にあるのだろう。それは、鉄元素は他の多くの元素と共存する「親和力」を持ち、珪素や硫黄などと結び付き軽い化合物として地表にも多く浮き上がったからである。鉄鉱石ができる過程は、地表で珪素から成る砂などと混在する鉄分が海中に流れ、その後の酸化によって凝縮されたプロセスだ。

鉄鉱石の縞状の地層　　写真1-1

ハマスレー・アイアン社提供

露天掘り：鉄鉱床の表土や岩石を除去した後、地面から直接鉄鉱石を掘り出す方法。

第1章　鉄の生い立ちと、鉄鋼製品ができるまで

鉄鉱石の可採埋蔵量　図 1-6

鉄鉱石　　1700

ボーキサイト　300

銅……7.9

亜鉛……2.3

鉛……0.8

ニッケル…0.7

単位：億トン　　出所：『USGS Mineral Commodity Summaries 2018』

現在、鉄の可採埋蔵量は約1700億トンで、他の金属に比べて桁違いに多い。これは、地表から容易に掘り出せる量であり、多少無理すればこの数倍以上の採掘が可能である。

地球の元素存在割合　図 1-7

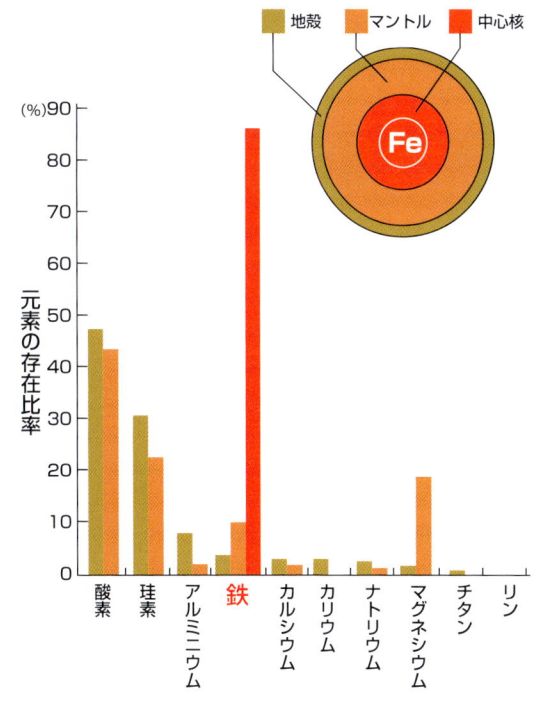

鉄元素は他の多くの元素と共存する「親和力」を持つ。珪素や硫黄などと結び付き軽い化合物として地表にも多く浮き上がったため、重い鉄が地表に存在する。

2 生物の進化、人間の生命に不可欠な鉄

🔵 生きる「エネルギー」を生み出す鉄

第1世代と第2世代の中間に位置する鉄は、**イオン化傾向***や酸素との結合エネルギーでもほぼ中間に位置している。そのためチタンやアルミニウムなどより**還元***しやすく、製造時のエネルギーが少なくて済む。

またどちらの世代の元素とも結び付きやすく、合金化も容易だ。さらに鉄は**有機物***とも結び付きやすく、生物の進化にも貢献した。

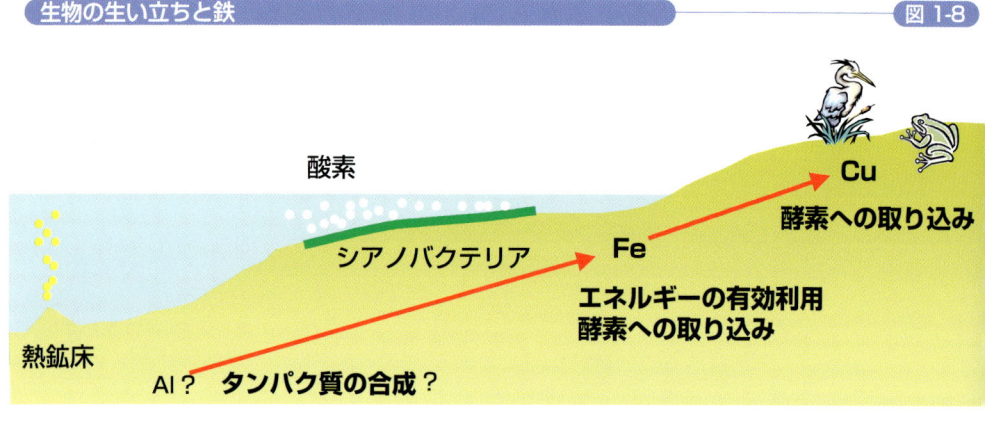

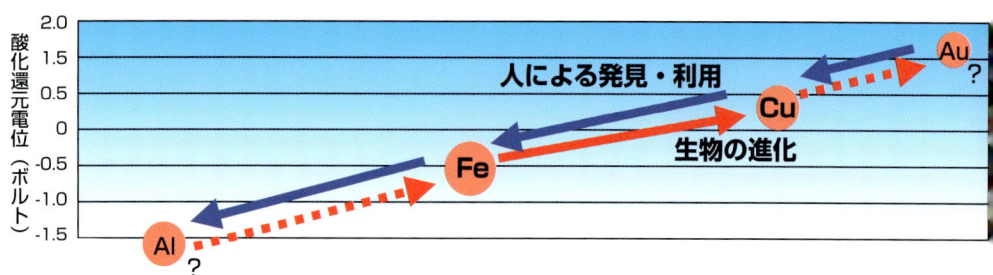

生物の生い立ちと鉄　　図 1-8

シアノバクテリアによって酸素がつくられてからは、活動を活発化するためのエネルギーとして酸素を採り入れる生物が登場。鉄は、体内の至る所に酸素を運びエネルギーを生み出すための、重要な役割を果たしている。

イオン化傾向：水中で溶け出しやすい性質。
還元：酸化した金属から酸素を取り除き、元の金属単体に戻すこと。
有機物：炭素、水素、酸素、窒素から成る物質。主として生物からつくられる。

第1章　鉄の生い立ちと、鉄鋼製品ができるまで

　生命の起源となるタンパク質は、海底の熱鉱床から噴出する炭素や水素などが結び付いてできたアミノ酸が、さらに結合することによって生まれたと考えられている。

　その合成で重要な触媒の役割を果たしたのが**金属元素**だ。その後、それらのタンパク質が結合してDNAがつくられ、生物として増殖し進化を遂げてきた。

　地球誕生当時には酸素がなく、最初は嫌気性の生物が生まれたことは先に述べた。しかし、シアノバクテリアによって酸素がつくられてからは、活動を活発化するためのエネルギーとして酸素を採り入れる生物が登場した(**図1-8**)。そして、その際に重要な役割を果たしたのが「鉄」だ。

　鉄は酸素と結び付いて、生物の体内を移動し、体内の至る所に酸素を運びエネルギーを生み出す役割を果たす。その鉄タンパク質の代表格が血液中の**ヘモグロビン**[*]だ。これは酸素呼吸する哺乳動物の象徴でもある。

　鉄を利用し酸素をエネルギー源として使えるようになり、生物は膨大なエネルギー源を手に入れた。人間の場合、体重70kgの成人男性には約4～5gの鉄(釘1本分)が含まれ、そのうち約65%がヘモグロビン中に存在している。

　生物内で、鉄は2種類のイオン状態(2価鉄と3価鉄)にある。それらは電子のやり取りによって簡単に変化できるため、さまざまな生化学反応に役立つ。また、鉄イオンを介して電子が移動すれば、炭水化物のような栄養素を酸素でゆっくり燃焼させる酸化反応が起こり、生物が活動するためのエネルギーが生まれる。

　鉄は、生物の活動範囲の拡大とともに採り込まれてきた、生物の体にとてもなじみやすい物質だ。

ヘモグロビン：赤血球に含まれる赤い色素タンパク質。酸素を運ぶ。

生物の寿命と酵素の働き

図 1-9

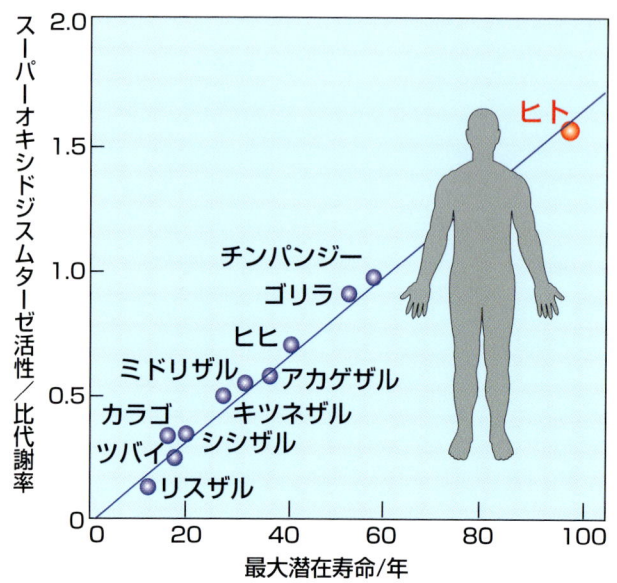

鉄は、体内の酸素をエネルギーとして有効利用すると同時に、余分な活性酸素を無害化する重要な役割を果たしている。地球上の生物が進化し、生き続けるうえで欠かせない金属が鉄だ。活性酸素を無害化する酵素の働きが大きいほど、生物の寿命は長い。

SOD：スーパーオキシドジスムターゼ
活性酸素種の1つスーパーオキシドアニオンを分解する酵素
鉄-SOD　銅・亜鉛-SOD　マンガン-SODなどがある。

「生物」も進化させる鉄

人間にとって、ごく微量の金属元素は不可欠だ。それらの金属はタンパク質の中で、特定のアミノ酸と結び付いたり、さまざまな生化学反応の触媒として作用している。その1つが、タンパク質と銅、亜鉛、マンガンなどが結びついたSOD（スーパーオキシドジスムターゼ）と呼ばれる酵素だ。

生物にとって必要不可欠な酸素は、高いエネルギーを生み出す一方で、あまり多いと細胞組織まで傷付けてしまう。**活性酸素***の毒性は有名だ。

活性酸素は、「SOD」によってまず過酸化水素(H_2O_2)に分解され、さらに鉄とタンパク質とからできている**カタラーゼ**という**酵素***によって水と酸素に分解される。

活性酸素：体内に採り込まれ後に酸化力が強まった酸素。毒性が強く細胞を傷つける恐れがある。
酵素：タンパク質を主成分とした物質。体内での化学反応をスムーズに行わせる働きを持つ。

鉄は、タンパク質と結びつくことによって酵素を形成し、鉄単体での100億倍もの過酸化水素処理能力を持つようになるのである。こうした酵素を多く持つほど、生物としての寿命も長くなる（**図1-9**）。

　生物の進化において鉄は、体内の酸素をエネルギーとして有効利用すると同時に、余分な活性酸素を無害化するといった、一見相反する2つの大きな役割を果たしてきた。

　有史以来、最初に人間は、酸化せず単体で見つけやすい「金」を発見し、その後、「銅」「鉄」という順番で道具として利用してきたが、生物の進化はその逆だ。鉄、銅、マンガンという順番で体内に採り入れ、新たな機能を獲得してきた（16頁**図1-8**）。

　鉄は人類文明にとって不可欠な素材であるとともに、地球上の生物が進化し、生き続けるうえで欠かせない金属だ。

3 鉄鋼製品が生まれる製鉄所

第1章　鉄の生い立ちと、鉄鋼製品ができるまで

広大な製鉄所を空より

製鉄所は、海外から原料を輸入し、製品の約7割を海上輸送するため、海に面した広大な埋め立て造成地に立地しています。環境に配慮し周囲を緑で囲み、効率的に原料・半製品・製品を搬送できるような工場配置としています。

日本製鉄・東日本製鉄所 君津地区（千葉県）

第1章　鉄の生い立ちと、鉄鋼製品ができるまで

効率的な工場配置

これは、日本製鉄・東日本製鉄所 君津地区のレイアウトです。海外から大型船で運ばれてきた「鉄鉱石」や「石炭」は、原料岸壁で荷揚げされ、原料ヤードを経由して高炉に運ばれます。高炉でできた銑鉄は、転炉に運ばれ、精錬されて「鋼」となります。
転炉から「連続鋳造」に運ばれて20～30トンの長方形の形に固められ、次の工程である各圧延工場でいろいろな形に加工されます。さらに、冷延や表面処理などの工程を経てできた製品は、東西の製品岸壁から出荷されます。このように、生産から出荷までのスムーズな物流が工夫されています。

石炭ヤード

❸ 製品工場エリア（線材・鋼管）

4 鉄鋼製品が生まれるまで

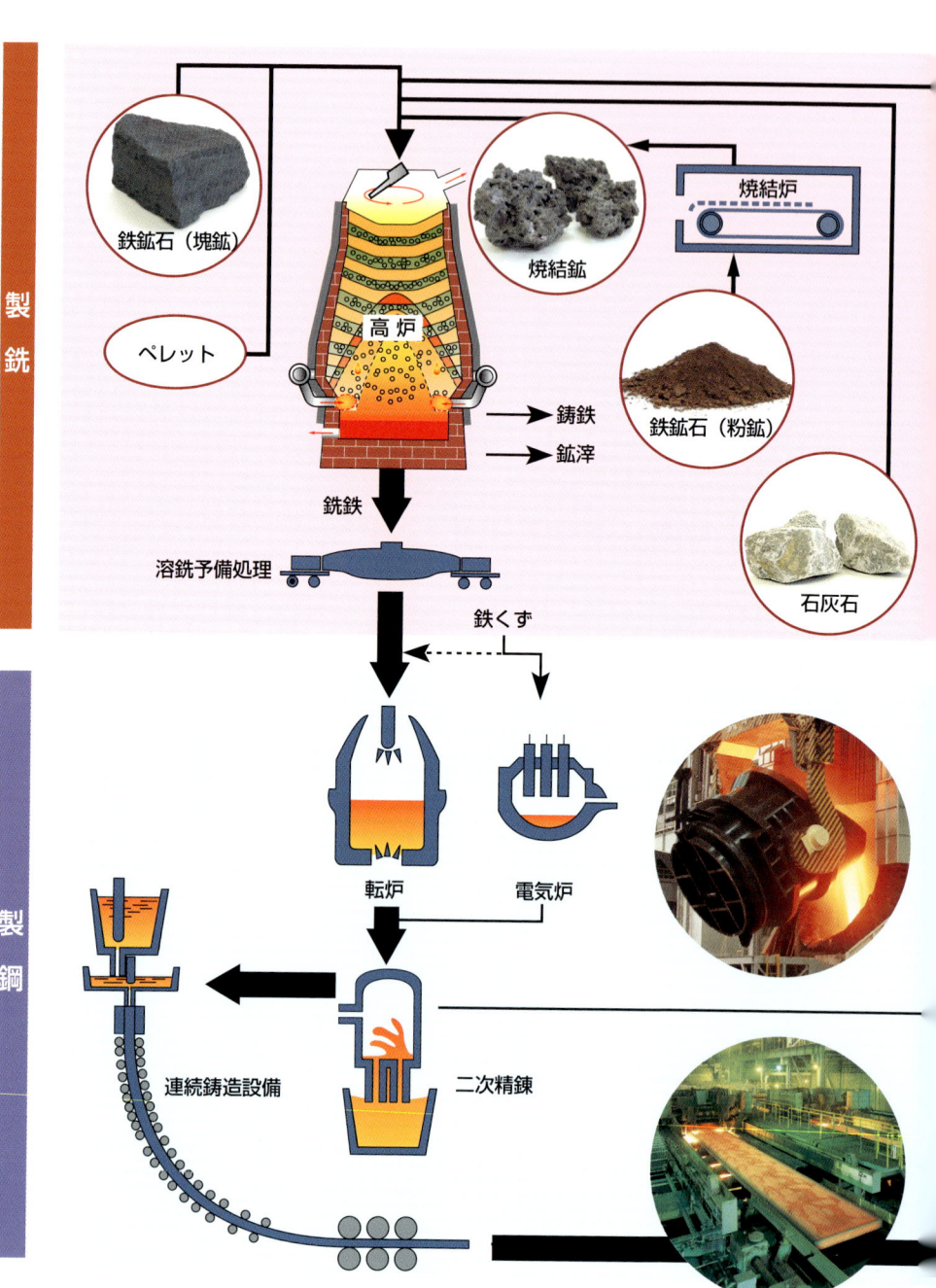

製銑

- 鉄鉱石（塊鉱）
- ペレット
- 高炉
- 焼結鉱
- 焼結炉
- 鉄鉱石（粉鉱）
- 石灰石
- 鋳鉄
- 鉱滓
- 銑鉄
- 溶銑予備処理

製鋼

- 鉄くず
- 転炉
- 電気炉
- 連続鋳造設備
- 二次精錬

第 1 章　鉄の生い立ちと、鉄鋼製品ができるまで

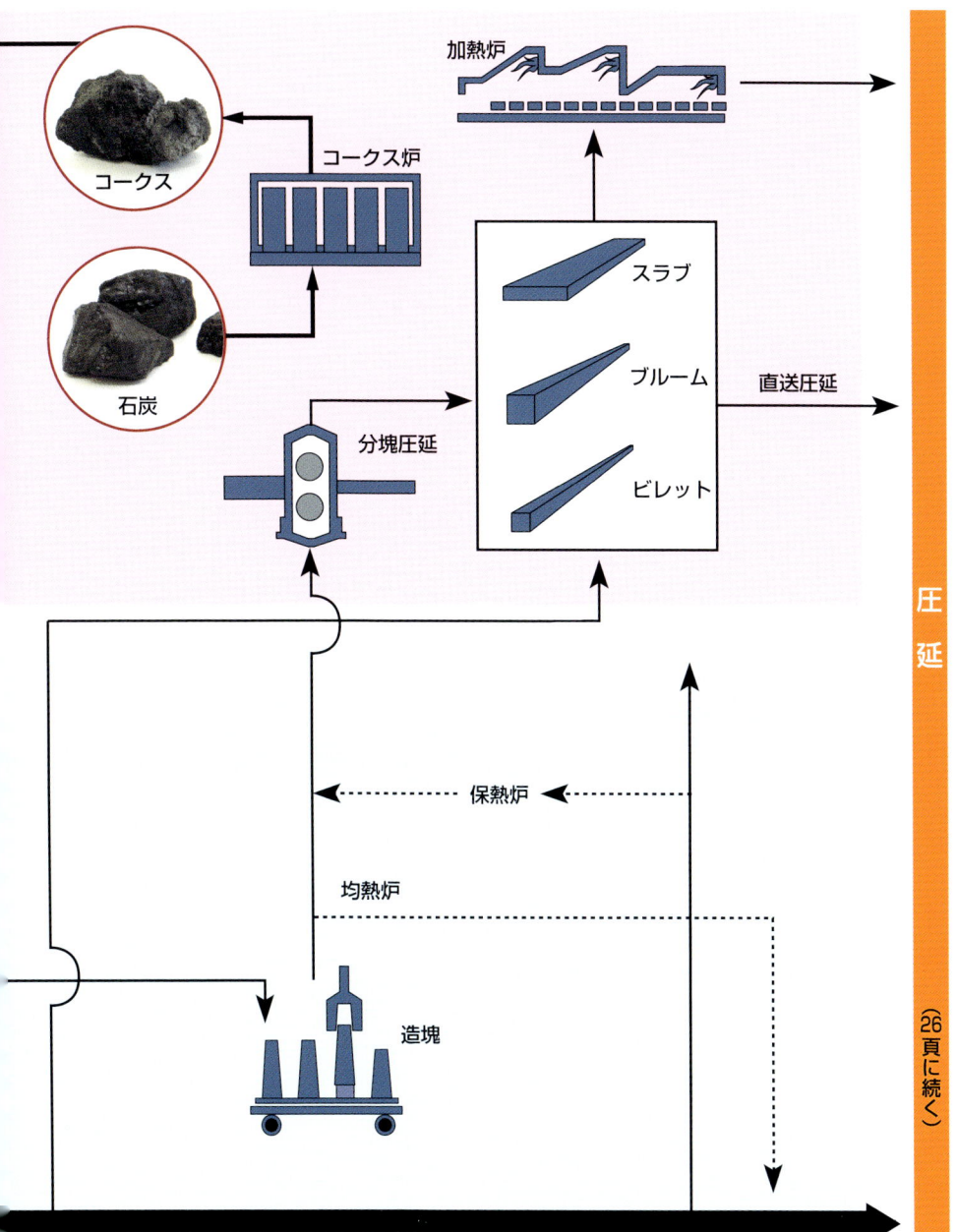

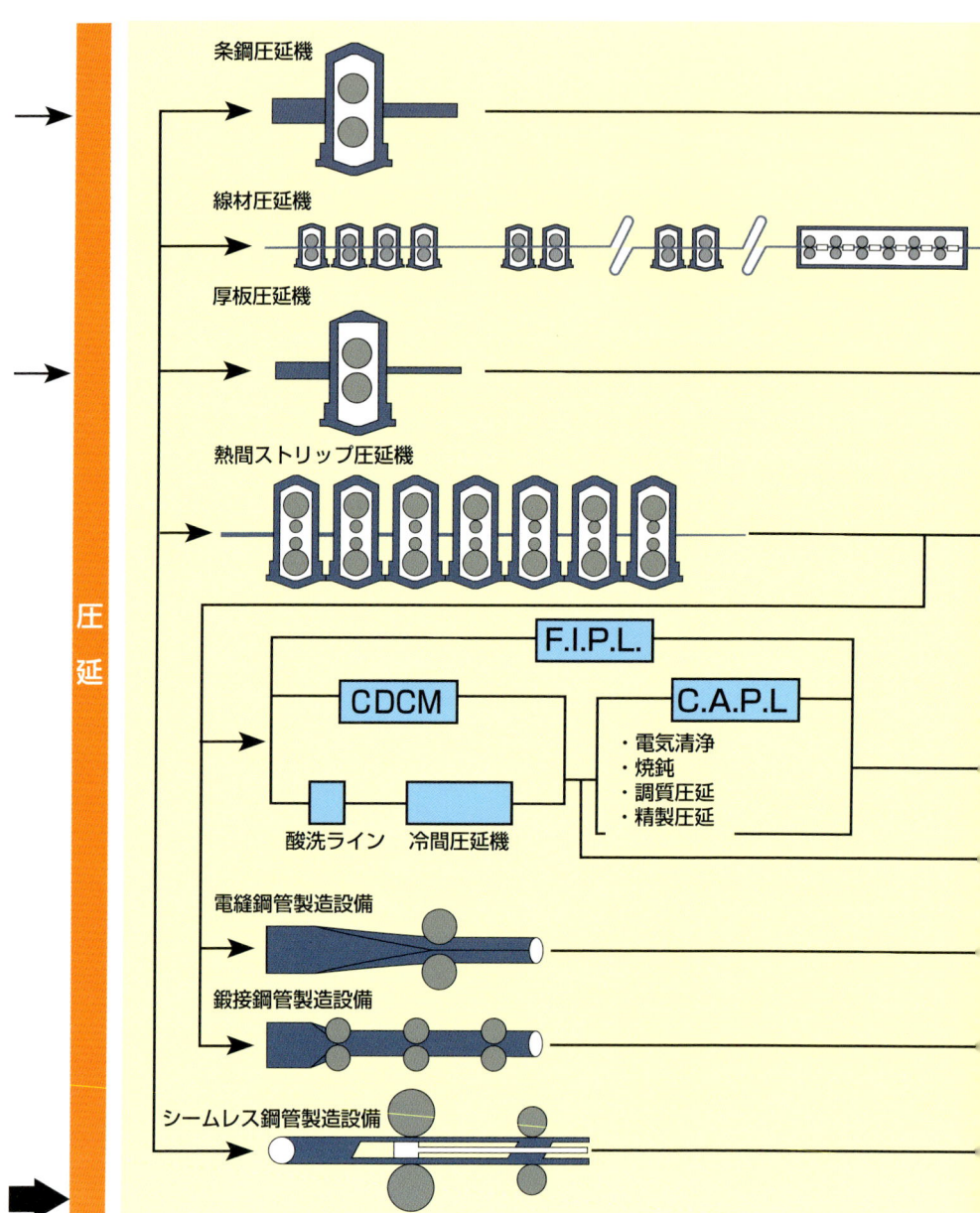

第1章　鉄の生い立ちと、鉄鋼製品ができるまで

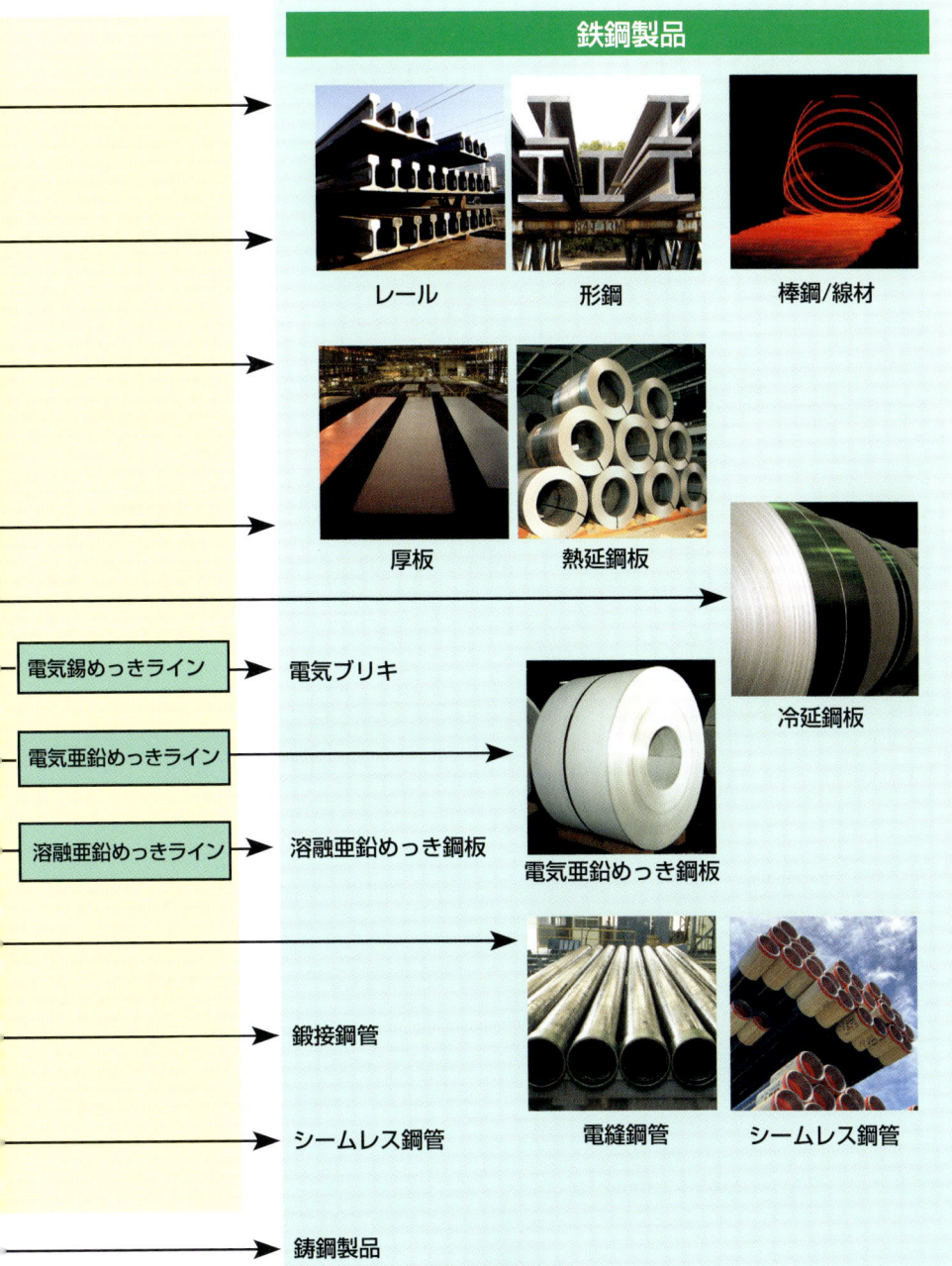

5 いろいろな鉄鋼製品

銑鉄・鋼片

鉄鉱石をはじめとする製鉄原料を、高炉や電気炉などの炉で還元し、金属の鉄を取り出したものを**銑鉄**(せんてつ)といいます。高炉から取り出された直後の溶けた銑鉄を**溶銑**、冷えて固体になったものを**冷銑**と呼びます。冷銑にする場合には、取扱いやすいように鋳銑機で10〜30kg程度の塊に鋳込みます。これを**型銑**と呼びます。型銑の一部はキューポラや誘導電気炉で溶かされ、自動車部品、水道管、マンホールの蓋、ベーゴマ、鉄瓶などの鋳物としても活躍しています。

銑鉄は4%程度の炭素を含み、硬くて脆いため、炭素、珪素、マンガンなどの鉄の組成を、用途に応じて調整します。転炉などで成分調整された**溶鋼**(溶けた鋼)は、鋳型に注がれ側面が凝固した状態で鋳型の底から連続的に引き出され(連続鋳造法)、水スプレーによって周囲から冷却して**鋼片**にします。次工程で製造する**鋼板**、**鋼管**、**棒鋼**・

線材などのさまざまな形の鋼材に対応して、鋼片にはスラブ、ブルーム、ビレットなどの種類があります。鋼片は最終製品の元になる半製品で、粗鋼(英語ではcrude steel)と呼ばれます。一見同じように見える鋼片ですが、製品である鋼材の目的や用途、必要特性に応じて、成分と形状がさまざまにつくり分けられています。

棒鋼・線材

棒鋼は、断面形状が円形の**丸鋼**、正方形の**角鋼**、板状の**平鋼**などがあります。最も汎用性が高いのは丸鋼で、鍛造や切削によって機械構造用の部品に加工されます。主な用途は、自動車などのエンジンの部品であるクランクシャフトやコンロッド、駆動系部品の歯車などです。その他にも、ボルト・ナットや船舶用の大型チェーンなどの素材として使用されます。コンクリートの補強用として、丸鋼の表面に突起を円周方向(節)や軸方向(リブ)につけた**異形棒鋼**もあります。棒鋼のサイズはさまざまで、例えば丸鋼では、直径が20mm程度の小型から100mmを超える大型のものまであります。これらは、丸鋼のまま、もしくはコイル状に巻き取られたバーインコイルとして提供されます。

線材は、棒鋼と比較して細径に圧延後、コイル状に巻き取られた鋼材で、伸線・熱処理・成形などの二次加工が施されて最終製品になります。線材は、棒鋼と同様にボルト・ナットなどに使用さ

れる特殊鋼と、針金・釘・ねじ・金網等に使用される軟鋼線材に代表される**普通線材**、**特殊線材**に分けられます。特殊線材には、自動車のエンジンバルブ・サスペンションなどに用いられるばね鋼線材、タイヤの補強材に用いられるスチールコード用線材、吊り橋や斜張橋に用いられる橋梁用線材など、用途に特化された線材があります。また、鋼材を接合する際の溶接用の材料として使われるものもあります。

形鋼

　建築物の構造材などに使用され、目的に合ったさまざまな断面形状を持つ長い鋼材を**形鋼**といいます。
　H形鋼は断面がH形の形状でフランジ幅が広く、他の形鋼に比べて剛性や断面効率に優れた、最も需要の多い形鋼。「ユニバーサル圧延機」と呼ばれる上下左右を同時に成形できる圧延機で、広幅から細幅までさまざまなサイズが製造できます。
　H形鋼には、建築や橋梁、地下鉄、船舶などの**構造材用**と、岸壁や橋梁、建築物、高速道路などの**基礎杭用**があります。どちらも、高張力、耐候性、耐食性を発揮し、最近では構造物の軽量化やコスト低減に貢献する**外法一定H形鋼**や**軽量H形鋼**も製造されています。
　山形鋼は断面の形がL字形で、二辺の幅が等しい**等辺山形鋼**と二辺の幅が異なる**不等辺山形鋼**があります。H形鋼に次いで需要が多く、鉄塔、建築産業機械、船舶や身近なところで門や柵の枠、金網の枠、

ロッカーの取付金具に使用されています。
　断面がコの字型の**溝形鋼**は船舶、車両、建築、機械など広範囲で使われています。背中合わせに組枠状にしたり、車体フレームに使用します。
　その他、帯状の薄板を常温のまま成形し経済効率の良い**軽量形鋼**、断面がI字形でフランジの内側にテーパーのある**I形鋼**、トンネル工事の坑道の枠として使用される**坑枠鋼**などがあります。

軌条・車輪

　軌条用の鋼材のほとんどに**高炭素鋼**が使用されています。軌条の種類は1mあたりの質量で表示され、日本では30kg以上は**重軌条**、30kg未満は**軽軌条**と呼ばれています。
　重軌条には、海外の貨物輸送やJRなどの旅客輸送に使う鉄道用のほか、クレーン用、地下鉄の集電用の第三軌条などがあります。軽軌条にはエレベーターの垂直誘導と危険防止のガイド用などがあります。
　車両が走行する際の振動や衝撃を少なくするため1本の長さが150mの長尺軌条も登場しています。この長尺軌条は、鉄道事業者のもとで溶接され、さらに長い超ロングレールとして敷設されています。
　車輪用の鋼材にも高炭素鋼が使用されています。車輪は車軸が嵌まるボス部、軌条と接触するリム部、および両者をつなぐ板部から構成されます。車輪のほとんどはこれらを一体で**熱間圧延**で製造した**一体圧延車輪**です。

　車輪には強度以外にさまざまな特性が要求され、板部の曲面形状を工夫してブレーキによる熱影響に対する耐久性を向上させた車輪、板部を円周方向に波打たせて薄肉化した波打車輪、リム部の内側に防音材を組み込むことで走行時のきしり音を低減させた防音車輪なども開発されて使われています。

鋼矢板

鋼矢板は凹凸状に成形加工した鋼板の両端に継ぎ手を設けた建設用鋼材であり、それを互いに組み合わせると鉄の壁ができ上がります。護岸や擁壁、水路、海洋構造物等の永久構造物をはじめ、山留め・土留め等の仮設工事に使用され、止水性、施工性に優れ、特殊な施工機械を必要とせず、全国各地で広く適用されています。

鋼矢板の断面形状には、ハット形、U形、直線形等があり、熱間圧延により製造されています。ハット形鋼矢板は、単一圧延材として世界で最も幅広の有効幅900mmを有し、同一施工延長での使用枚数が少なく経済性・工期縮減に貢献します。また壁体を構成した場合の継手位置が壁体中立軸に対して壁面最外縁部に位置するため、継手のせん断ずれによる断面性能の低減を必要とせず、構造信頼性に優れる材料です。

近年、激甚化する地震や集中豪雨等の災害に対するインフラ整備にも寄与しており、鋼矢板の強度・靱性を活かした堤防の耐震・液状化対策や、海岸部での高潮対策、施設を守る洪水遮断壁等での適用が進んでいます。港湾等の腐食環境が厳しい条件下においては、表面を塗装する腐食を防ぐ技術にも対応をしています。

また、地域環境への配慮から、低騒音・低振動の施工機械も一般化しており、都市部や施設周辺部の工事にも対応しています。

熱押形鋼

熱押形鋼には、圧延ではできないようなさまざまな形状の製品があり、少ロットの生産に対応できます。1200℃前後に加熱した丸ビレットに、水圧プレス機で圧力をかけ、さまざまな形状に加工したダイスを通して、トコロテンのように押し出して成形する**熱間押出法**が採用されています。

ダイスの形状を変えるだけで、製品1本ごとの寸法形状を変えることができるため、最小ロット1本からつくることができます。個別のオーダーメードにも対応できるというユニークな特色を発揮しています。また、加工しにくい高合金鋼も加工できます。

熱押形鋼は、建築材料や機械部品などさまざまな分野で使われます。よく知られている事例では、建築部材として、東京国際フォーラムのガラスホール棟のガラスウォール方立（ガラス面を支える構造物）に採用され、独創的な空間をデザインする優れた部材として高い評価を得ています。

厚板

厚板は、板厚6mm以上の熱間圧延した鋼板です。板厚が100mmを超える製品もあります。需要分野は幅広く、船舶、海洋構造物、ラインパイプ、建築、橋梁、建設機械、タンク・圧力容器、発電プラント、化学プラントなどの広範な用途に使われ、社会インフラや産業基盤を支える鉄鋼製品です。

一般的な構造物はもとより、零下165℃の環境下で使用される**LNG（液化天然ガス）タンク用鋼材**、そして高温・高圧にさらされる中高温圧力容器の材料など、高い信頼性が要求される大型構造物に使用されることが特長です。そのため、需要家からのニーズは高度かつ多様で、製鋼段階のつくり込みから製品になるまで厳密な品質管理のもとで製造します。

厚板製品の重要な点は強度と靭性と溶接性とを高い次元でバランスさせることです。そのために成分や金属組織を精緻にコントロールします。例えば、溶接時に熱の影響を受ける部分の靭性を飛躍的に向上させる技術の開発により、大型化する

高層ビル、コンテナ船、海洋資源開発基地などの製造に際して、**高張力鋼**に大入熱溶接を適用できるようになり、溶接作業の効率化が実現しました。

また、地球環境保護に配慮して省エネルギー、安全性向上、長寿命化のニーズに応えるべく、船舶や橋梁に使用される**耐食性鋼板**や鉱山機械に使用される**耐摩耗鋼板**など、社会のさまざまな要求に対応する製品メニューがあります。

熱延鋼板

製鋼工場で所定の化学成分や組織に調整されたスラブを圧延機で帯状に連続的に熱間圧延し、巻き取ったものが熱延コイル（熱延鋼板）です。板厚は薄いもので1.2mm、厚いものでは10mm以上と、用途に応じてつくり分けられます。

熱延鋼板は、自動車のシャシーやホイールをはじめとする足回り部品、バスやトラックなど大型車両、ガスボンベなどの各種容器、橋梁や建築物など、社会のさまざまな用途に対応する製品に使用されています。また、**冷延鋼板**や**表面処理鋼板**、**溶・鍛接鋼管**、**軽量形鋼**といった製品の原板になるほか、鉄鋼加工メーカーに送られて再加工素材となります。自動車をはじめとする軽量化ニーズに応えるため、高強度と加工性などの必要機能を両立させたさまざまな**高張力熱延鋼板**が開発・実用化されています。

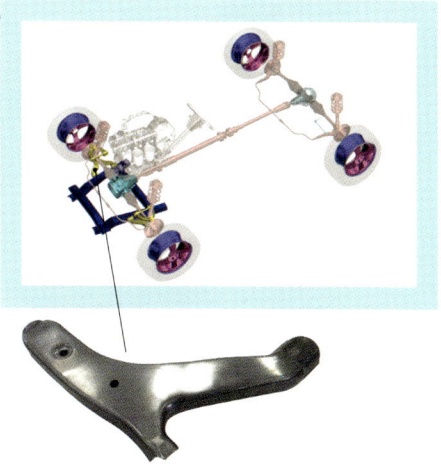

冷延鋼板

熱延コイルを酸で洗って表面のスケール(酸化鉄)を除去した後、常温で薄く(0.15mm～3.2mm)均一に圧延し、熱処理を施したものが**冷延鋼板**です。目的の規格や用途に応じてさまざまな材質の冷延鋼板がつくり分けられます。

冷延鋼板は、熱延鋼板よりも薄くて厚み精度が高く、また、表面が美麗・平滑で加工性が優れており、自動車のボディーや家電・OA機器、鋼製家具等の最終製品として使われるほか、一部はブリキ、亜鉛めっき鋼板用の素材として使用されます。

自動車用としては、プレス成形性に優れた加工用軟質鋼板(絞り用、深絞り用、超深絞り用)はもちろんのこと、軽量化と衝突安全性を両立するニーズに応えるべく、高強度と加工性とを合わせ持つ冷延鋼板や溶融亜鉛めっき鋼板が開発・実用化されています。

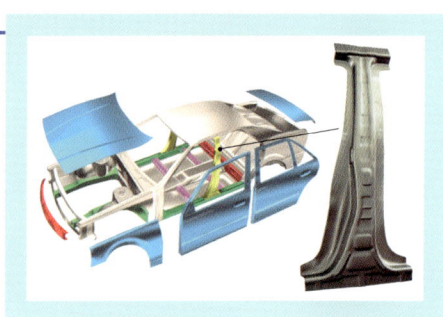

亜鉛めっき鋼板

「錆」を防ぐために、鋼板の表面に「化粧」を施すのが「めっき」で、その最も代表的な品種が**亜鉛めっき鋼板**です。亜鉛が用いられるのは鉄より先に亜鉛が錆びて(溶けて)鉄を保護するからです。

亜鉛めっき鋼板の製造方法にはコイル状の帯鋼を連続的に電気めっき漕でめっきする**電気めっき法**と、アルミニウムを添加した溶融亜鉛の中にコイル状の帯鋼を浸漬させてめっきする**溶融めっき法**の2種類があります。

開発当初の**亜鉛鉄板**(とたん)は屋根材、壁材など用途が限定されていましたが、大幅な品質改善や研究開発が行われ、さまざまな分野に使われています。

溶融めっき後に再度加熱し、めっき層を亜鉛－鉄合金とした**合金化溶融亜鉛めっき鋼板**は、その優れた耐食性、塗装性、溶接性から自動車のボディー等に使用されています。また、高強度鋼板の上にめっきした鋼板は、自動車の衝突安全

性部品にも使用されています。

その他、アルミニウムの長期耐久性と耐熱性、亜鉛の犠牲防食効果を併せ持つ**ガルバリウム鋼板®**、さらには亜鉛めっきにアルミニウム、マグネシウムを添加し、これら添加元素の複合効果で耐食性を飛躍的に高めた**高耐食性亜鉛めっき鋼板**も開発され、建築分野等に幅広く使用されています。

ブリキ

ブリキは冷延薄板に錫めっきを施した表面処理鋼板で、コーヒー缶やツナ・フルーツ缶その他さまざまな用途に使用されています。ブリキは、美麗な金属光沢・さまざまな内容物に対する耐食性・さまざまな形状に対応する高加工性などの優れた特性を持ち、1810年の缶詰発明以降、**半田缶・溶接缶・深絞り缶(DI缶)** 等、需要家の用途に合わせた最適な硬度やめっき厚みの製品を提供しています。

また、塗料・樹脂などとの密着力に優れた**ティンフリースチール(錫無し鋼板)** が開発されており、ブリキとあわせて広範な用途に使用されています。

近年では、ティンフリースチールやブリキにPETフィルムなどをラミネートした**ラミネート鋼板**が、日本を中心に飲料缶を始めとした各種容器に採用されています。フィルムの選定により、優れた耐食性が得られます。

これらの鋼板は、地球環境保全やコストダウンの観点から要請される軽量化ニーズに対して薄くて強い特性をさらに追求し、現在では1970年に比べて3割近くも軽量化しています。また、スチール缶は、磁石に引き付けられる特性により、簡単に分別・リサイクルができる、環境にやさしい容器用素材です。

高機能めっき鋼板

表面処理鋼板は、製品の用途に応じてめっき後の処理を工夫したさまざまな鋼板が開発されています。また、クロメートや鉛といった環境負荷物質を含んだ材料の使用削減ニーズに対応し、環境にやさしい高機能めっき鋼板も開発されています。

プレコート鋼板は、亜鉛めっき鋼板の上に合成樹脂塗料を塗布・焼付けして製造される鋼板です。建築資材などの製品を製造するメーカーが曲げ加工の後に行っていた塗装処理に代わり、加工に耐えられる塗装処理を鋼板メーカー側で事前に施しています。従来、主に屋根、建築物の内外装材に使用されていましたが、塗装技術の向上や塗装薬剤が開発されたことにより、オーディオなどの家電製品などにも幅広く使用されています。

その他の高機能鋼板としては、電気亜鉛めっき鋼板の上に特殊な有機複合皮膜を付け、指紋が付きにくくした**耐指紋性鋼板**、需要家で製品をプレスする際、プレス油無しでも加工を可能とすると同時に塗装印刷性にも優れた**潤滑鋼板**などがあげられます。さらに環境負荷物質低減の観点から、クロメートを含まずとも従来の性能を有する**クロメートフリー鋼板**も開発され、家電製品等へ幅広く使用されています。

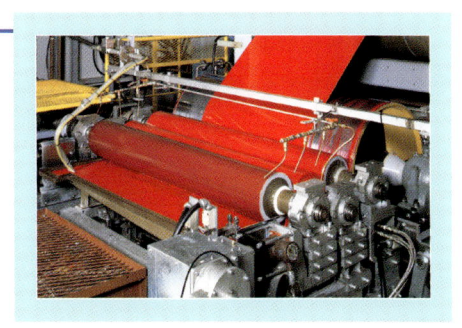

また、従来ガソリンタンクや電子部品の材料として用いられてきた鉛－錫合金めっき鋼板の代替として、環境負荷物質である鉛を含まないめっき鋼板も開発、使用されつつあります。

電磁鋼板

電磁鋼板は、磁石につく鉄の特性(磁気特性)に改良を加え、磁気⇔電気というエネルギー変換を効率的に行う機能材料です。冷延鋼板の一種で、3%程度の珪素を添加した鋼板であることから、**珪素鋼板**とも呼ばれます。発電機、変圧器、身近なところでは家電製品や電動自動車の駆動モーター、音響機器のトランスなど電気機器の鉄心として不可欠な材料で、電力の発電・送電・消費の各段階で発生するロスを低減し、省エネルギーに貢献しています。

電磁鋼板の中を磁気が通るとき、結晶の方向にバラツキがあるとそれが抵抗となって磁気が通りにくくなって発熱し、この発熱が電力損失=鉄損になります。そのため、磁気をスッと通す、鉄損の小さい電磁鋼板が求められます。磁気を通しやすいほど強い**回転力**を生み出し、鉄損を低減できます。自動車と道路の関係に例えると、**悪い電磁鋼板**は、路面が凸凹で車の流れが悪く、渋滞による燃費の低下を招く砂利道ですが、**良い電磁鋼板**はきれいに舗装され、多くの車がスムースに低燃費走行する高速道路のようなものです。

電磁鋼板は、その磁気特性の方位依存性によって**方向性電磁鋼板**と**無方向性電磁鋼板**に分類されます。
・**方向性電磁鋼板**：圧延方向に極めて優れた磁気特性を持ち、主に送・配電変圧器の鉄心に採用され、電力損失の低減と変圧器の小型化に役立っています。
・**無方向性電磁鋼板**：板面内の全方向に優れた磁気特性を持ち、電動自動車の駆動用モーターや大型の発電機やモーターから、家電・OA機器などの小型モーターに至るまで幅広く採用されています。

鋼管

鋼管は、筒状に成形された鋼材です。断面形状は、円形、楕円形、角形などで、直径約4mの大型のものから、注射針のように細い管までいろいろなサイズがあります。用途も水道管やガス管など身の回りものから、化学プラント、火力、原子力などの発電プラント、石油・ガスの掘削やパイプライン、土木・建築、各種産業機械まで、多岐にわたります。鋼管の用途や直径によって鋼材の種類や製造方法が異なり、大きく2つに分けられます。半製品のビレットを素材とする**継目無(シームレス)鋼管**と、帯鋼や厚板を素材とする**溶接鋼管**です。

継目無鋼管は、ビレットを加熱後、熱間押出しや、熱間で穿孔圧延することによりパイプ形状に成形します。寸法精度や強度の要求を満たすため、冷間で引抜きされる製品もあります。用途は、石油・ガスの掘削やパイプライン、発電プラント、化学プラント、高圧容器、自動車等であり、私たちの生活で欠かせないエネルギー分野で役立っています。

電縫鋼管は、帯鋼を冷間で筒状にロール成形し、継目を連続的に電気抵抗溶接した中小径管で、自動車、ラインパイプ、プラント等に使用されます。**熱間電気抵抗溶接鋼管**は、帯鋼を加熱した後、熱間で筒状にロール成形し、継目を連続溶接します。水道やガスなどの配管用を中心とした小口径の鋼管を大量生産できます。**スパイラル鋼管**は、広幅帯鋼をらせん状に巻きながら管状にし、継目を内外面から連続溶接します。自由な口径の鋼管が製造でき、鋼管杭・水道用鋼管などに使用されます。

ステンレス鋼

「錆びにくい鋼」という意味を持つステンレス鋼は、鉄とクロムの合金です。鉄にクロムを約10.5%以上添加すると、表面に100万分の数mmという非常に薄いクロムの酸化膜ができ、この膜が腐食を防ぐ効果を発揮します。表面に傷がついても即座に空気中の酸素と反応し、新しい膜が再生されるため、耐食性が保たれます。

また、耐食性の他、低温特性、耐熱性、加工性、意匠性などでも優れた特性を備えています。クロムの他に、用途に応じて、ニッケルやモリブデンなどの合金元素を添加することで、材質や必要特性を調整することができます。

ステンレス鋼は、金属組織から、**オーステナイト系**(厨房用品、建材、鉄道車両など)、**フェライト系**(自動車、厨房器具、建築内装など)、**二相系**(化学プラントなど)、**マルテンサイト系**(機械部品、刃物など)の4つに大別され、それぞれの特長に応じて広く使われています。

ステンレス鋼の主原料はスクラップであり、特にオーステナイト系では、原料のほぼ50%がスクラップで、リサイクル性の高い材料であることも大きな特長の一つです。冷間圧延工程では、硬いステンレス鋼を圧延するために「ゼンジミアミル」と呼ぶ小径ロールを用いた20段圧延機を使用して、繰り返し圧延します。

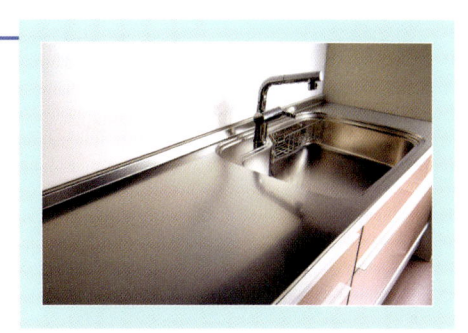

美しい光沢を保つステンレス鋼は、清潔感や機能感がありますが、一方で、冷たい印象を与えないよう、表面に髪の毛のような細い筋目(**ヘアライン**)や凹凸模様(**エンボス**)を付けたり、酸化皮膜を厚くして光の干渉による発色を利用(**カラーステンレス**)するなどして、親しみやすくなるような工夫がされています。

チタン

18世紀イギリスで発見され、1910年に初めて高純度で分離できるようになったチタン(Ti)はギリシア神話に登場する神々**タイタン**を名前の由来とする金属です。新しい金属であるチタンを圧延などの加工で展伸材とするために、製鉄事業で培った技術と設備が活かされています。化学工業、電解、土木・建材、航空機、自動車、民生品等幅広い分野で使用されています。

軽くて強く耐食性に富み、加工性にも優れたチタン。発色特性による装飾性、人体組織への無害性が注目され、環境にも優しい21世紀の素材として脚光を浴びています。

航空機・宇宙開発など最先端分野への活用から始まったチタンですが、いま、日本の神社・仏閣など伝統美の世界でも注目され、加工性、いぶし瓦に似た風合いを実現したチタン製瓦は、東京・浅草寺の本堂・宝蔵門や、東京芝・増上寺大殿など、多くの仏閣神社に採用されています。チタンの意匠性は塗装レス、軽量素材で、お客様施工の効率化の点でCO_2削減にも寄与しています。

自動車・二輪車の軽量化に対応した**チタン製マフラー**は、軽いだけでなく、使用される温度の領域(約700℃)にも強いため、軽量化・耐熱ニーズに応える素材です。また塗装レスの意匠性や部材軽量化はCO_2削減に寄与します。最近では、エンジンバルブやコンロッドでの使用例も増えています。また優れた耐食性から、脱炭素社会のキーエネルギーである「水素」製造装置にニッケル・チタンが利用されています。

2 鉄鉱石から鉄を生み出す

製鉄プロセスで、最も川上に位置する「製銑プロセス」は、天然資源である「鉄鉱石」から「銑鉄」を生み出す工程だ。そこでは地球上で酸素と結び付き酸化鉄として存在する鉄鉱石とコークスを高温下で化学反応させ、鉄鉱石の酸素を取り除き（還元）、"鉄"を取り出す。本章では、製鉄業の原点とも言える、鉄鉱石を鉄にする「高炉」のダイナミックな世界にスポットを当てて、そのメカニズム、操業のポイントと、新たな技術への挑戦を紹介する。

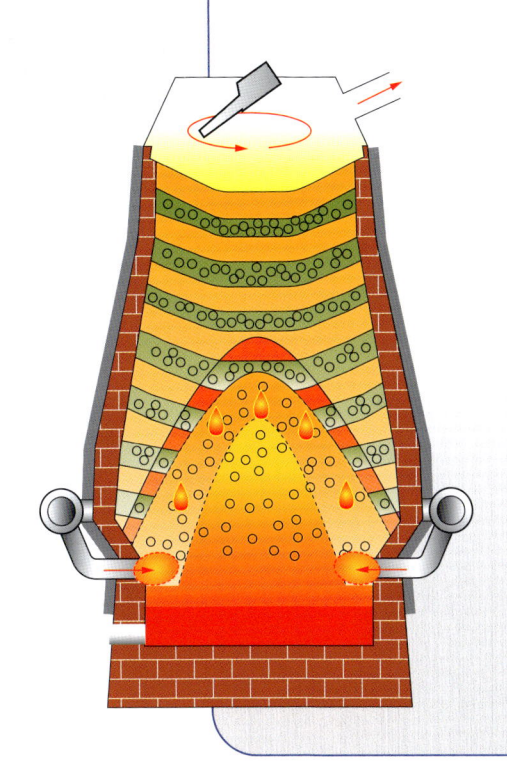

1 「高炉」の歴史とメカニズム

300年の歴史を持つ「高炉」

製鉄所のシンボル**高炉(溶鉱炉)**。その高さは設備全体で100m以上にも及ぶ(**写真2-1**)。高炉は、"鉄鉱石に含まれる酸素分を効率よく除去(還元)する装置"で、一挙に"溶解"まで行う反応プロセスだ。形状は、炉断面単位面積当たりの生産性とエネルギー効率を追求した結果、円筒の徳利型になった(**図2-1**)。

近代高炉の原型は、14世紀から15世紀にかけてドイツ・ライン河の支流で誕生した。当初は熱源および還元材として木炭を使い、水車の動力で**ふいご***の送風量を増やし炉の温度を上げた。さらに炉を高くして熱効率を高めることにより、十分に炭素を吸収した融点の低い銑鉄をつくることができた。

この高炉法は16世紀イギリスに渡り、1709年、森林資源の枯渇から木炭の代替原料としてコークスを使った現在の**シャフト炉***での銑鉄生産が始まった。その後、蒸気式送風機や熱風炉などが開発され、生産量や還元材消費の点で優位に立った高炉は、現在までの約300年間にわたり銑鉄製造技術の主流を占め続けている。

例えば、日本の**たたら製鉄***の溶解法や、天然ガスによる還元ガスで鉄を製造する**直接製鉄**、スクラップを主原料とする**電気炉**など、他にもさまざまなプロセスが実用化

写真 2-1

製鉄所のシンボル「高炉」。
写真は、2003年5月8日に火入れした日本製鉄・東日本製鉄所 君津地区第4高炉。

第2章　鉄鉱石から鉄を生み出す

されてきたが、高炉は依然として優位性を保持している。

　日本では、1857年に近代製鉄業の夜明けとなった釜石の大橋高炉が登場して、官営八幡製鉄所で高炉操業が本格化し、以後120年にわたり、高炉は日本鉄鋼業の歩みを支えてきた。

高炉法の工程　　図2-1

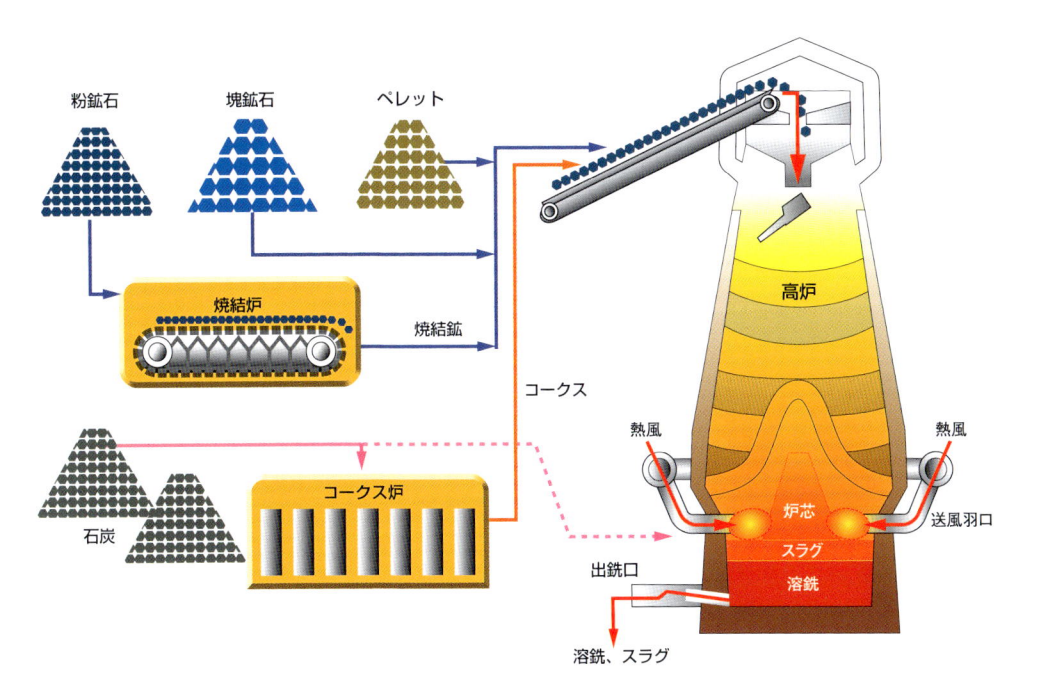

粉鉱石　塊鉱石　ペレット

焼結炉　焼結鉱

石炭　コークス炉　コークス

高炉　熱風　炉芯　スラグ　溶銑　送風羽口　出銑口　溶銑、スラグ

高炉法は、酸素と結びついた酸化鉄として存在する天然資源「鉄鉱石」とコークスを高温下で化学反応させ、鉄鉱石の酸素を効率よく取り除き、「鉄」を取り出すプロセス。

ふいご：鞴、または吹子と書く。金属の熱処理や精錬に用いる送風器で、炉内の温度を上昇させる装置。吹差し鞴、踏み鞴、天秤鞴などがある。

シャフト炉：原料や燃料などの装入物を上から入れ、炉の下部から銑鉄、スラグを排出する竪型炉。

たたら製鉄：木炭と砂鉄による日本古来の製鉄法。生み出される良質の鋼は、現在でも国の重要無形文化財である日本刀製作に活用されている。

世界で最も多い化学プラント

現在、高炉基数は日本で約20基、世界では800基以上あると言われ、鉄鉱石からの銑鉄製造量のうち、95％以上が高炉法によるものだ。世界には多種多様な化学プラントが存在するが、同じタイプの化学反応容器が、世界で800基以上稼働している例は高炉以外にない。

また、高炉は数で他を凌駕するだけでなく、"寿命"においても各種化学プラントをはるかに越える。高温にさらされる過酷な環境下で、その耐久性は15年以上と言われるが、高炉は十数年ごとに炉内のレンガを貼り替えるだけで再び使用できる"エンドレス"な反応容器だ。ちなみに還元材の製造を行う**コークス炉**は、30年以上の長寿命を誇る。

鉄鉱石とコークスが交互に絶え間なく装入される高炉は、文字通り24時間連続操業の設備だ。改修が難しいことから、長寿命化が追求され、高度な操業・改修技術が確立されてきた。高炉法が始まって300年経た現在も、高炉は圧倒的な主流で"300年の歴史に耐える反応容器"だ。そして、銑鉄製造における"高炉優位"は、将来的にも変わることがないと考えられている。

ダイナミックな還元反応

では、高炉でどのように鉄鉱石が鉄に生まれ変わるのか、そのメカニズムを説明しよう。

まず、高炉の最上部(炉頂)から鉄鉱石とコークスを交互に層をつくるように装入し、その層状態をなるべく崩さないように炉内を下降させる。炉下部にある送風羽口からは熱風とコークスの補完還元材である微粉炭などを吹き込む。この熱風で微粉炭やコークスがガス化し、一酸化炭素や水素などの高温ガス(還元ガス)が発生する。そしてその還元ガスが激しい上昇気流となって炉内を吹き昇り、炉内を下降する鉄鉱石を昇温させながら酸素を奪い取っていく(**間接還元**)。

溶けた鉄分はコークス層内を滴下しながらコークスの炭素と接触してさらに還元(**直接還元**)され、炭素5％弱を含む溶銑となり炉底の湯溜まり部に溜まる。これが鉄鋼製品の源「銑鉄」だ。この銑鉄は炉底横に設けられた出銑口から取り出され、次の製鋼プロセスへと運ばれる(**図2-2A**)。

出銑と同時に、シリカやアルミナなどの鉄鉱石中の不純物が溶解・分離された**スラグ***も排出され、これらの副生品はセメント材料などとして再利用される。

スラグ：鉄鉱石に含まれるシリカやアルミナなどの不純物が石灰石（溶剤）と混ざり合って溶けたもの。

第2章　鉄鉱石から鉄を生み出す

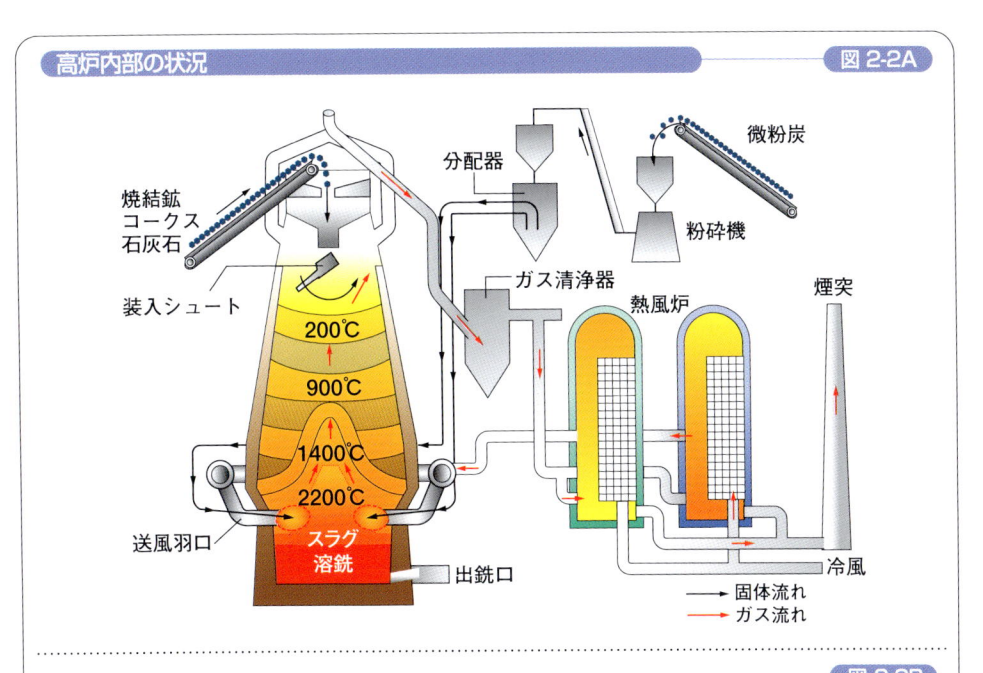

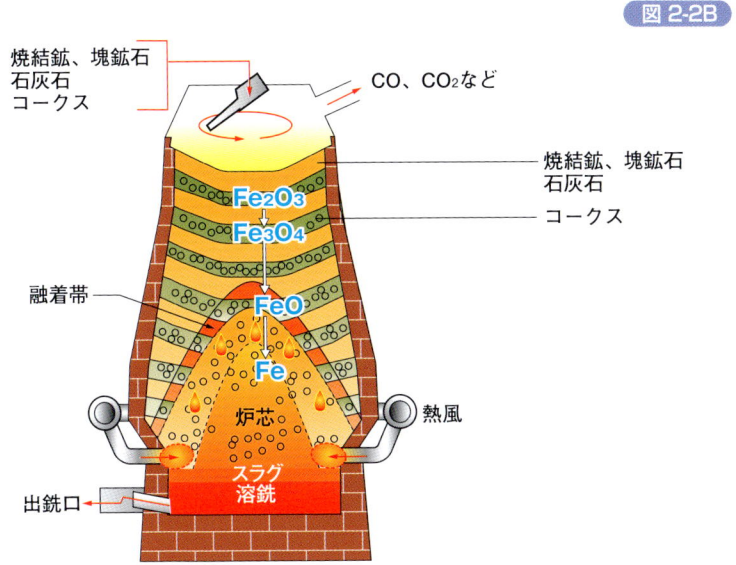

図 2-2A　高炉内部の状況

- 焼結鉱／コークス／石灰石
- 装入シュート
- 分配器
- 微粉炭
- 粉砕機
- ガス清浄器
- 熱風炉
- 煙突
- 送風羽口
- 出銑口
- スラグ／溶銑
- 冷風
- 200℃／900℃／1400℃／2200℃
- → 固体流れ
- → ガス流れ

図 2-2B

- 焼結鉱、塊鉱石／石灰石／コークス
- CO、CO_2など
- 焼結鉱、塊鉱石／石灰石
- コークス
- Fe_2O_3
- Fe_3O_4
- FeO
- Fe
- 融着帯
- 炉芯
- 熱風
- スラグ／溶銑
- 出銑口

高炉の中では、炉頂から炉底に鉄鉱石が下りる過程で、固体、気体、液体が共存するダイナミックな反応プロセスが進行している。

高炉の中では、約8時間をかけて炉頂から炉床に鉄鉱石が下りる過程で、固体、気体、液体が共存するダイナミックな反応プロセスが進行している(前頁**図2-2B**)。

しかし、高炉は複雑な反応容器ではない。基本的には、円筒の鉄容器の内面に水冷パイプ内蔵の耐火物が貼ってあるだけの"シンプルな構造"のため、化学プラントのような複雑な反応容器よりも、設備としての信頼性が高い(**写真2-2**)。

炉床から見上げた高炉内部　　写真2-2

高炉は、円筒の鉄容器の内側に水冷パイプ内蔵の耐火物が貼ってある、シンプルな構造。

技術の衣替え

高炉本体は円筒構造のため、直径を増やすことで炉内容積の拡大を柔軟に行うことができる。高炉300年の歴史は"容積拡大"の歴史であり、その過程で機能向上を図るさまざまな新しい付帯装置が開発され、最新鋭の反応容器として常に生まれ変わっている。

例えば、**原料装入装置**。現在のように炉径が10mまで大きくなると、装入する位置によって炉内成分に偏りが出てしまうため、円周方向に原料を均一に入れることが重要になる。そこで、装入物の堆積位置を自由に変えられる**旋回シュート**や、狙った位置へ狙った厚さに原料を装入するための**分布制御方法**などを開発し、炉径が拡大しても原料を均一に装入することを可能にしている(**図2-3**)。

また、容積拡大によって出銑量も増えたため、出銑口を従来の2カ所から3～4カ所に増やす方法がとられている。4つの出銑口を配置する場合も、炉体を支持する4本の柱や、**溶銑・スラグ樋**＊、溶銑を転炉に運ぶレールなど前後工程のレイアウトも考慮し、鋳床作業が効率的にできるよう配置に工夫がなされている。

さらに、高炉の長寿命化技術も進歩を遂げた。そのポイントは、送風羽口から吹き込まれた熱風とコークスのガス化で生じる

高温ガスにさらされる炉下部側面の鉄皮と、高温の溶銑が流れる炉底レンガの強化にある。

現在では、前者は**炉体冷却設備（ステーブ・クーラー）**が進歩し、鉄皮の熱負荷を軽減することでほぼ解決され、炉底レンガについては、緻密なカーボン質で耐食性に優れた材料を使用するとともに、炉床壁や炉底の下に流す冷却水の量をレンガの侵食状況に応じてブロックごとに調節するなどの対策が実施されている。

図2-3　原料装入均一化技術／旋回シュートのメカニズム

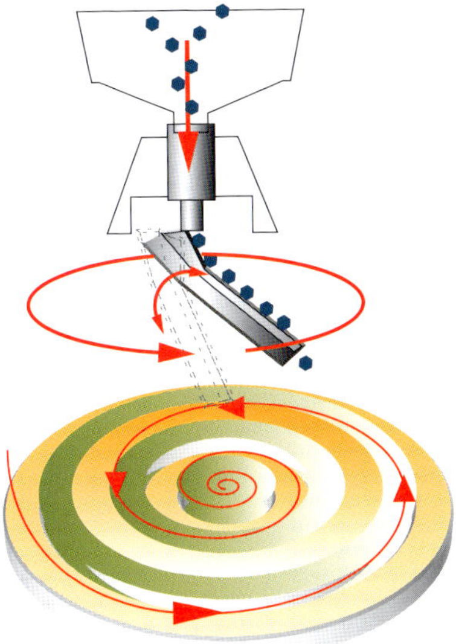

装入原料の堆積位置を自由に変えられる旋回シュート。原料を均一に装入することができる。

溶銑・スラグ樋：出銑口から排出された溶銑とスラグを分離し、溶銑を溶銑鍋や溶銑車に、スラグをスラグピットに移すための装置。

高炉の開発技術一覧　図2-4

- 新機能付加型装入装置
- 各種操業管理システム

- 粒度別・銘柄別装入法
- 副原料低減操業法
- 中心コークス装入法
- 小塊コークス装入法
- 代替鉄源装入法

焼結鉱、塊鉱石
石灰石
コークス

焼結鉱、塊鉱石
石灰石
コークス

- 薄壁
  ステーブ・クーラー

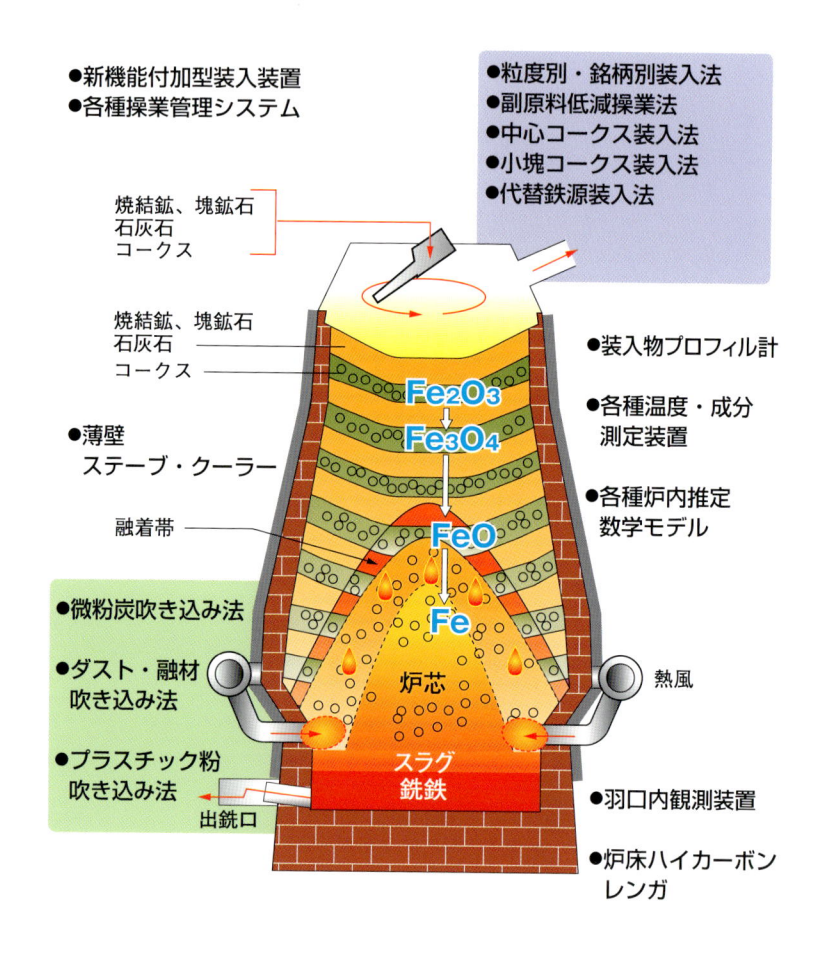

融着帯

Fe_2O_3
Fe_3O_4
FeO
Fe

炉芯

スラグ
銑鉄

- 微粉炭吹き込み法
- ダスト・融材吹き込み法
- プラスチック粉吹き込み法

出銑口

- 装入物プロフィル計
- 各種温度・成分測定装置
- 各種炉内推定数学モデル

熱風

- 羽口内観測装置
- 炉床ハイカーボンレンガ

高炉はシンプルな反応容器だが、生産性の向上、鉄鉱石および還元材のコスト削減ならびに炭酸ガス排出抑制などのニーズに対応するため、さまざまな機能を付加しながら、最新鋭の反応容器として進化し続けている。
青色部分は装入物装入法、緑色部分は還元材、ダスト吹込法の代表的な技術を示す。

基本を変えず、着実に進化

　一方、高炉の還元材や還元効率も大きな進化を遂げている。送風羽口から吹き込まれる還元材は、当初の重油から、微粉炭に変わっており、また、コークス炉、高炉ではプラスチックなどの廃棄物も活用するなど、還元材利用における技術革新が進んでいる。

　また、炉下部の横から吹き込む熱風の送風圧力は、従来1～2気圧であったが、容積が拡大した現在では、従来の3～4倍に当たる4～5気圧で熱風と還元材を吹き込む高圧操業となり、多量に高温ガスを炉内に送り込むことで、炉内の還元効率を高めている。

　さらには高圧操業によって炉頂に上昇してくる高圧ガスを用いてタービン発電を行う**炉頂圧発電システム(TRT)**を装備するなど、常に時代ニーズに応える最新鋭の反応容器としての機能を持ち続けている。

　高炉自体は、300年間変わらないシンプルな反応容器だ。しかし生産性の向上や鉄鉱石、還元材のコスト低減、そして炭酸ガスの排出抑制などの時代ニーズに対して、基本構造を変えずにさまざまな機能を付加して、最新鋭の反応容器として着実に進化し続けている(**図2-4**)。

2 操業のポイントは高炉の"体調管理"

"消化機能"に似た炉内反応

高炉では、鉄鉱石の酸素を1500℃という高温で効率良く取り除き銑鉄を生み出す。そこでは、数多くの化学反応のドラマが進行している。そして高炉は"大食漢"でもある。1日の原燃料装入量は、世界最大級の容積を誇る九州製鉄所 大分地区第1・2高炉(各5775m^3)やそれに次ぐ東日本製鉄所 君津地区第4高炉(5555m^3)では、鉄鉱石は10トンダンプカーで1900台分、コークスは500台分に相当する量に及ぶ。

そして、それらの装入物から1日およそ1万3000トンの銑鉄が生み出されている。

高炉という1つの反応容器の中で、上から固形物を飲み込み、消化して液体とガスに変える機能は"人間の消化機能"に似ている。

人間でも風邪や消化不良に対する予防・治療を迅速に施すことが大切なように、高炉操業にも同様の対策が求められる。高炉の炉体周りには熱やガス圧力の状況を計測するセンサーが1000点以上設置されており、"ガスが均等に上昇しているか""装入物が安定して降下しているか"等を知るために必要な情報をマップにし、装入条件の変更や送風温度の調整を行っている(**写真2-3、2-4**)。いわば聴診器をあてて治療法を考える"医療行為"と同じだ。

予防・治療といった体調管理の基本は"食べ物の管理"つまり"原料の品質管理"にある。特に鉄鉱石やコークスの粒度が不揃いの場合や、鉄鉱石中の**脈石***やコークス中の**灰分***(いわばセルローズ)、さらには品質低下の根源となる鉱石中の**アルミナ***分(いわば悪玉コレステロール)が多いと、鉄鉱石が十分に還元されないまま炉床部に落ちるといった"消化不良"や"下痢"を起こす。

良い原料と"頭寒足熱"がカギ

では、こうした症状を起こしにくい原料とはどのようなものか。その品質を決めるポイントは2つある。第1は"強度に優れた、潰れにくい原料"だ。鉄鉱石とコークスには、粒が揃っていて積層されても潰れない強度が必要だ(**写真2-5**)。

第2のポイントは"反応性が良い原料"であること。粒の気孔率や粒の間の空隙率が高く、還元ガスと接触反応する表面積が広いものだ。しかし、強度が高くてもパチンコ玉のように密だと還元ガスが内部を通らない。一方、塊内の隙間が多すぎると強度が落ちる。相反する条件をクリアしなければならないところに原料品質管理の難しさがある。

脈石：シリカやアルミナなど、鉄鉱石に含まれる鉄以外の固体成分。
灰分：石炭の無機質分が燃焼した後に残る灰。もともと石炭が含有していたものと石炭生成中に入り込んでくるものがある。
アルミナ：酸化アルミニウム。融点が高く硬いため耐火物などには欠かせない成分だが、鉄の還元に悪影響を与える。

第 2 章　鉄鉱石から鉄を生み出す

日本製鉄・東日本製鉄所 君津地区第 2 高炉の操業管理用画面　写真 2-3

ファイバースコープで観測した高炉内部の写真　写真 2-4

（可視径 30mm）

スコープ挿入位置

- A：炉頂から 5m
- B：炉頂から 10m
- C：炉頂から 16m

A → B と高炉内で下層になるほど鉱石が次第に小さくなっている。

C の 16m 地点では装入物層を抜けて高温ガスが沸騰しているような状況。

鉄鉱石と焼結鉱、石炭とコークス　写真 2-5

鉄鉱石（塊鉱）

鉄鉱石（粉鉱）

石炭

コークス

焼結鉱

石灰石

高炉操業の理想は、"頭寒足熱"だ。高炉では下部から上昇する高温ガスと、炉頂から降りてくる常温の装入物との間で熱交換が行われる。その熱交換が効率良く進むと、下から発生した高温ガスの熱を装入物が十分吸収し、下降しながら鉄鉱石を完全に溶かす。

　熱交換が不十分だと高温ガスの熱が十分装入物に伝わらずに上に抜けてしまう。そして炉内下部の温度は下がり、いわゆる"炉が冷える"といった現象が起こる。この状態では効率良く銑鉄を生産することはできない。

　このように、高炉では効率的な熱交換が重要であり、炉上部の温度が低く、炉下部は高温になる、"頭寒足熱"型の操業が好ましい(図 2-5)。

重要な原燃料の事前処理

　高炉操業のポイントは、"消化機能"の日常管理にある。

　まず装入物を飲み込む炉頂では、高炉の炉径が拡大する中で、特に装入物を円周方

頭寒足熱を表す高炉内の状況　　図 2-5

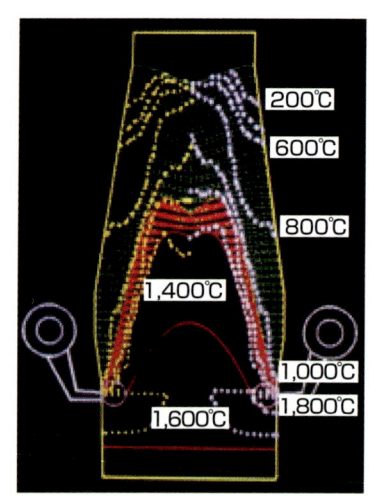

a) コークス比が大で
　炉上部温度が高いケース

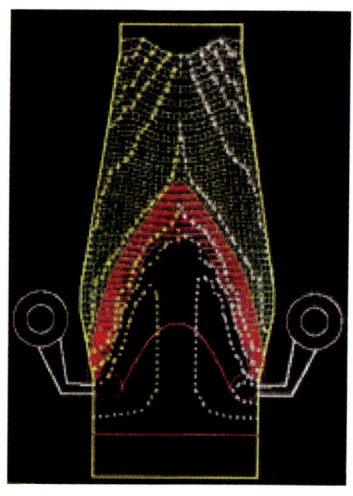

b) コークス比が小で
　炉上部温度が低いケース

高炉では効率的な熱交換が重要。鉄鉱石を炉下部で完全に溶解するためには、炉上部の温度が低く、炉下部は高温になる、"頭寒足熱"型の操業が好ましい。

向に同心円状に均等に入れることが求められる。24時間、常に円周方向に一定の条件で均一に装入することは至難の技だ。

　装入物が少しでも偏って装入されるといびつな形をつくる。いびつになると高温ガスも偏りを生じ、局部に集中的に流れてしまう。そうするとその部位の装入物の溶解が加速的に進み、修正することがきわめて難しくなる。その結果、"装入物の降下が不均一となり、炉下部が冷える"といった異常現象が起こる。高炉の超大型化に伴う苦労だ。

　現在は炉頂の装入物の状況を24時間体制で監視し、精度の高い装入管理を実施すると同時に、"真ん中に鉄鉱石よりもコークスを多く入れる装入方法"をとっている。

　それはなぜか。炉内で鉄鉱石が下降しながら溶ける過程で、固体と液体の中間で密度の高い半溶融状態にあるドーナツ形状の**融着帯**(50頁**写真 2-6**)ができる。それが下から上昇する高温ガスの整流板の役割を果たしている。真ん中の比較的薄い鉄鉱石の層には相対的に多くの高温ガスが流れるため、炉の中心上部から優先的に融着した層が形成され、積み上がった層の形状は逆Ｖ型になる(50頁**図 2-6**)。

　高温ガスは煙突内を上昇するように、逆Ｖ型の融着帯に沿って中心上部に向けて流れるようになり、一度中心軸に集まったガスはコークス層を介して、炉周辺側に均等に再分配される。強制的に中心上部にガスを寄せることによって、局部的に異常なガ

スの流れが起こらないように制御している。昔のコークスストーブにおいて、真ん中に高温でコークスが良く燃える領域をつくり強い燃焼力を維持する原理と同じだ。

　また、融着帯は鉄鉱石が熱で軟化し始めて溶け終わるまでの層域を示すが、その厚み(帯幅)は薄いほうが良い。融着帯は半溶融の密度の高い状態で存在するため、帯の幅が厚すぎるとガスの流れへの抵抗が大きくなり、ガスが炉周辺側に十分回らず、上部の固体部分に熱が伝わりにくくなってしまう。そこで、鉄鉱石が軟化し始める温度をできるだけ高くし、溶け落ちるまでの温度との差を小さくすることで融着帯を薄くしている。

　装入物の軟化温度を高くして溶解を速やかにするには「原料品質」がキーとなる。例えば、鉄鉱石内部にシリカやアルミナなどの不純物が多くあると軟化温度が低くなり、溶けるまでの時間が長くなるので融着帯は厚くなってしまう。世界のさまざまな地域から調達される鉄鉱石は不純物の少ない高品質なものばかりではないため、高炉に装入する原料品質を向上させることは簡単ではない。

　一般的にブラジル鉱石はシリカやアルミナが少なく鉄分が多いが、オーストラリアの鉱石はそうした不純物が多い。原料のバラツキを抑えながら使いこなす**原燃料の事前処理**は体調管理の第１のポイントだ。

高炉内の仕組みと主な反応　　図2-6

真ん中の比較的薄い鉄鉱石の層には相対的に多くの高温ガスが流れる。
↓
炉の中心上部から優先的に融着した層が形成され、積み上がった層の形状は逆V型になる。
↓
高温ガスは融着帯に沿って中心上部に向けて流れ、中心軸に集まったガスはコークス層を介して、炉周辺側に均等に再分配される。

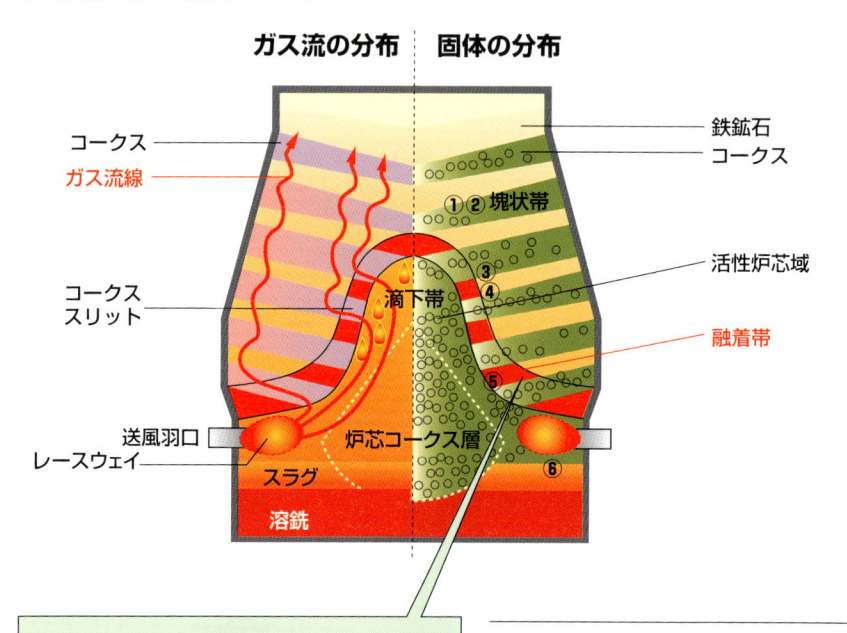

ガス流の分布　｜　固体の分布

左側ラベル：コークス、ガス流線、コークススリット、送風羽口、レースウェイ、スラグ、溶銑

右側ラベル：鉄鉱石、コークス、塊状帯（①②）、活性炉芯域、滴下帯（③④）、融着帯（⑤）、炉芯コークス層（⑥）

融着帯が形成される様子　写真2-6

鉄鉱石が下降しながら溶ける過程で、半溶融状態にあるドーナツ形状の「融着帯」ができ、下から上昇する高温ガスの整流板の役割を果たす。

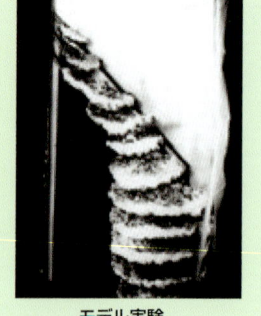

モデル実験

主な炉内反応
（−記号は発熱反応）
（＋記号は吸熱反応）

①COによる間接還元（コークス、微粉炭からのガス）
$3Fe_2O_3 + CO = 2Fe_3O_4 + CO_2$　　−12650 kcal/kmol
$Fe_3O_4 + CO = 3FeO + CO_2$　　＋ 6250
$FeO + CO = Fe + CO_2$　　− 3330

②H_2による間接還元（湿分、微粉炭中の水素分）
$3Fe_2O_3 + H_2 = 2Fe_3O_4 + H_2O$　　− 2800
$Fe_3O_4 + H_2 = 3FeO + H_2O$　　＋16100
$FeO + H_2 = Fe + H_2O$　　＋ 6500

③カーボンソリューション反応
$CO_2 + C = 2CO$　　＋41220

④水素ガス化反応
$H_2O + C = H_2 + CO$　　＋31564

⑤炭素による直接還元（コークス、微粉炭中の炭素）
$FeO + C = Fe + CO$　　＋37880

⑥カーボンの燃焼（コークス、微粉炭中の炭素）
$C + 1/2 O_2 = CO$　　−26416

炉芯コークス層は"肝臓"

　一方、鉄鉱石を消化して銑鉄を生み出す"炉下部"の体調管理も重要だ。

　炉下部では下降過程で鉄鉱石を還元・溶解したあと、残ったコークスが送風羽口から送り込まれる熱風でガス化し、徐々に消滅する。しかし、炉径が13～15mある炉床部では送風羽口からの熱風の大半は1.2mほどしか届かない。そのため、送風羽口に近い所はガス化して消滅するが、炉の中央部のコークスは、コークス粒がほとんど動かずに1カ月程残る。この部位を**炉芯コークス層**と呼ぶ。

　送風羽口先でガス化するコークスは炉芯コークス層の傾斜面に沿って羽口先に流れ込むが、その傾斜面の角度はおよそ60度だ。60度以下のコークス層はほとんど動かずそのまま残り続け、炉芯コークス層となる。

　炉芯コークス層は高炉内の熱変動を緩和するバッファーとしての役割や、近くに滞留するコークス粉を滴下メタルやスラグと接触して消失させる場を与える役割を担う。人間で言えば"肝臓"だ。炉芯コークス層は以前、不活性で役に立たないと言われたが、この大きな熱保有層があるからこそ、炉床部は冷えない。炉芯コークス層が一度冷え始めると、送風羽口から熱風を入れてもなかなか炉内の温度が上昇しない。つまり"肝臓"のように、悪くなってもなかなか気づかないが、悪くなると影響が大きい、非常に重要な存在だ。

　炉芯コークス層は銑鉄やスラグよりも軽いが、炉上部からの装入物層の加重で押さえつけられ、溶けた銑鉄中に炉芯コークス層の下部が潜り込んでいる。炉芯コークス層はその周りのコークス層と連なって存在している。独立して動くものではないが、溶けた銑鉄の中央部に浮かぶ浮島のイメージで説明するとわかりやすい。

　実はこの"浮島"の浮上位置や大きさの制御が難しい。浮島が浮き過ぎると炉芯コークス層底面中央の下にある銑鉄が冷えて凝固し、流動性(湯流れ)が悪くなる。一方、沈んで炉底に密着してしまうと、炉芯コークス層の裾野が完全な円形でないため溶けた銑鉄やスラグが炉周方向で十分に連通せず、3～4カ所ある出銑口からの銑鉄とスラグの流出量にバラツキがでる。浮島が肥大化すると、銑鉄やスラグの溜まり場が小さくなって炉芯コークス層への熱の伝わりを悪くし、炉底を冷やす一因になる。原理的に、炉芯コークス層は炉上部(特に中央部)から軽いコークスを多く入れて装入物の荷重を減らすと浮きやすくなり、重い鉄鉱石を増すと沈みやすくなる。また、熱風量を増して融着帯の位置を持ち上げると炉下部のコークス層域が広がり、炉芯コークス層は浮きやすくなる。

　しかし、コークスを多く装入して融着帯の位置を必要以上に持ち上げるのは、コークス比の上昇や銑鉄生産性の低下をもたらすので望ましくない。テニスコートほどの広さがある炉底において、炉芯コークス層の位置や大きさは、銑鉄・スラグの温度や滞留量、そして炉周方向でのバランスに強い影響を与える。炉径が大きくなれば炉周方向のバランスはとりにくくなる。最適なバランスをピンポイントで狙う大型高炉では**炉芯コークス層の管理**が体調管理の第2のポイントだ。

3 操業の"技"と高炉技術の未来

原燃料の事前処理技術

　原燃料の品質を決める重要な工程は、**焼結機**と**コークス炉**での"事前処理"だ。

　使用する鉄鉱石は、5mm以下の粉状になった粉鉱石が主体となる。産地も性質もバラバラな粉鉱石の配合を揃え、なるべく同じになるようにブレンドする。しかし、この粉鉱石をそのまま高炉に装入すると高炉は目詰まりを起こし、炉内の下から上に向かう還元ガスの流れを阻害してしまう。そこで事前に少量の石灰粉を混ぜ、粉鉱石を一定の大きさに焼き固めて鉱石の塊成物をつくるのが"焼結機"だ。

　また、焼き固められた鉄鉱石と一緒に装入されるコークスには、鉄鉱石を還元して鉄分を取り出す役割や鉄鉱石と石灰石を溶解する役割に加えて、還元ガスや溶けた銑鉄の通路を確保する重要な役割を持つ。そのためには、粘りの出方が違う色々な石炭を所定の粒度に粉砕した後、うまく組み合わせて「コークス炉」で蒸し焼きにし、簡単に割れたり潰れたりしない強さと粒度を持たせることが必要だ。

　1980年代後半からは、低品位原料の新たな事前処理技術が開発されてきた。その代表技術の1つが、**焼結工程における選択造粒**だ。

　粉鉱石の中で3mm以下の微粉を部分的に篩で選り分けて、その部分だけを造粒して、その後に粗いものと混ぜて焼結機に装入する。微粉部分をあらかじめ造粒して形状の均一化を図り、効率良く焼結を行う技術だ（**図2-7**）。

　また、コークス炉でも低品位の石炭が多く配合できるように、微粉部分を事前に造粒・塊成化した後にコークス炉に装入して品質の良いコークスを造る研究を進め、**DAPS**と呼ばれる技術を確立した。

　この2つはいずれも微粉原燃料の造粒強化技術として**大河内記念生産特賞**＊（前者は1993年、後者は1990年）を受賞している。

　こうした事前処理技術の開発を通じて原燃料の品質向上が図られ、"強度と気孔率の高さ"といった相反する性質を両立させた高炉装入物をつくり込んでいる。

　さらに、この原燃料の事前処理技術は、鋼材製造に必要な総エネルギーの約70％を占める銑鉄製造部門のエネルギー消費量を減らすためにも有効だ。

　原燃料の事前処理技術が大きく貢献して、日本製鉄の場合、銑鉄の製造エネルギーを端的に表す還元材比（コークス比＋微粉炭吹き込み比）が銑鉄1トン当り490kgレベルと国内他社と比べても低い。還元材比が低い

大河内賞：生産工学、生産技術の研究開発や高度な生産方式の実用化などで優れた業績をあげた個人、事業体を対象に毎年授与される（主催：大河内記念会）。

第 2 章　鉄鉱石から鉄を生み出す

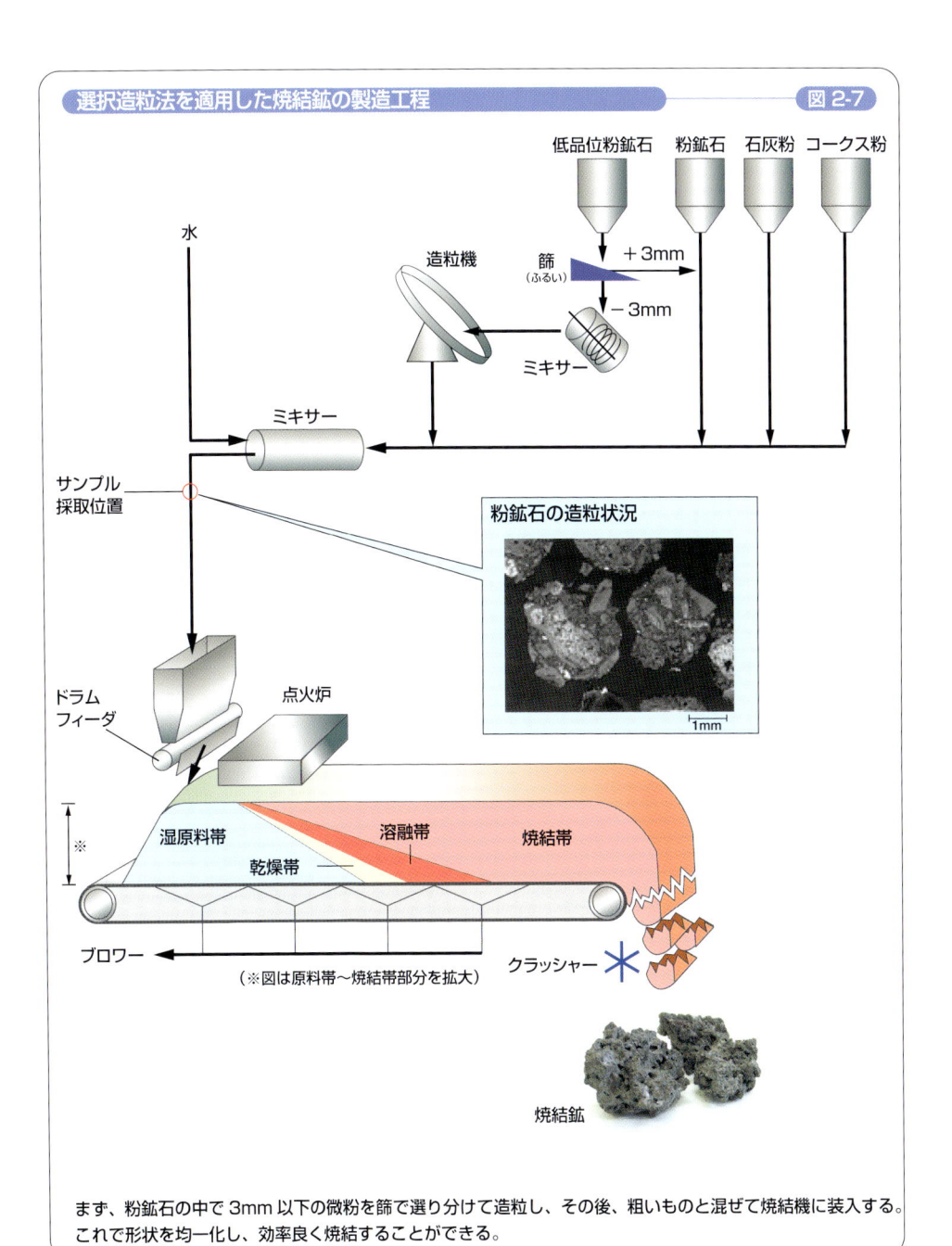

選択造粒法を適用した焼結鉱の製造工程　図 2-7

まず、粉鉱石の中で 3mm 以下の微粉を篩で選り分けて造粒し、その後、粗いものと混ぜて焼結機に装入する。これで形状を均一化し、効率良く焼結することができる。

ということは、1トンの銑鉄をつくる場合のCO_2発生量が少ないことを意味している。

高炉内のシミュレーション技術

2003年5月に火入れした東日本製鉄所 君津地区第4高炉（5555m³）に続き、2004年5月に九州製鉄所 大分地区第2高炉、2009年8月に同第1高炉（各5775m³）が稼働し世界最大級の炉内容積となった。

こうした超大型高炉の操業は、"融着帯や炉芯コークス層の制御"にその難しさがある。先述した事前処理による原燃料の高品質化をベースに、優れた**高炉操業診断技術**、コントロールシステムの構築が進められ、"超大型高炉の高効率操業"を高いレベルで実現している。

特に高度な数学モデルをベースとした、融着帯や炉芯コークスの形状など高炉内の状況を推定する**シミュレーション技術**は、操業管理の飛躍的なレベルアップを実現した。

このシミュレーション技術で、例えば、100年以上前に日本で初めて建設された釜石・大橋高炉の内部状況を再現することもでき、現在の最新鋭高炉との比較分析を行うことも可能だ。容積が変わることによる形状、プロフィールの変化や、容積の変化に左右されない基本的現象を正確に捉えることができるため、容積拡大をはじめとする高炉技術が進化した（**図2-8**）。

その画像を見ると、高炉は大小に関わらず、内部では同様の現象が起こっていることが確認できる。日本製鉄では、高炉内の還元溶融状況を推定する**ブライトモデル**と、炉頂の装入物分布形態を推定する**ラビットモデル**を組み合わせて、原燃料の装入量・方法の違いによる炉内の状況変化を推定し、変化を先取りした緻密な操業管理を実現している。

また、**ファジー理論***や**ニューロ理論***などを活用したAI手法に基づく**エキスパートシステム**や、高炉内の状況を3次元画像で表示するシステムなどの開発により、超大型高炉における操業管理の信頼性を高めている。

高度にシステム化された高炉技術は海外にもトランスファーされている。例えば、韓国POSCOの浦項第1高炉や中国宝山製鉄所の第1高炉については、日本製鉄・東日本製鉄所 君津地区第3高炉の技術がベースになっており、隣国にも日本が生み出した製銑技術の活躍の場が広がっている。

ファジー理論：1965年、カリフォルニア大学のL.A.Zadehが提唱した「曖昧さ」を持つ情報を数学的に扱う理論。
ニューロ理論：人間の脳の仕組み、神経回路網（ニューロ）の原理を取り入れた数学的理論。より複雑な解析が可能になる。

第 2 章　鉄鉱石から鉄を生み出す

旧高炉と現代高炉の炉内状況シミュレーション　　図 2-8

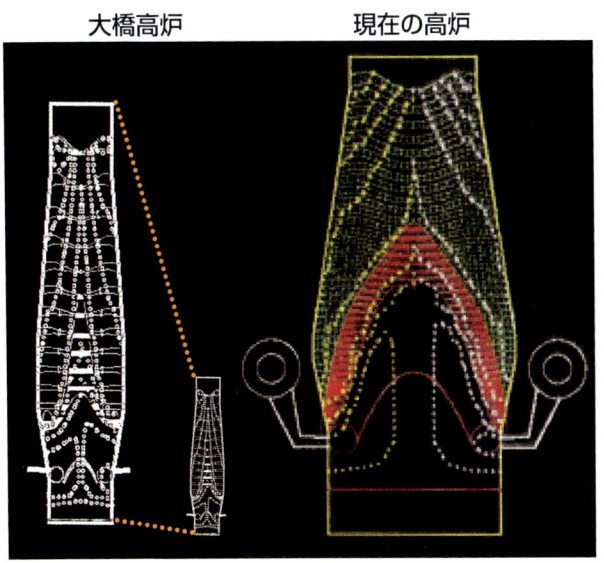

大橋高炉　　　　現在の高炉

炉容積 30m³　　　炉容積 3273m³
炉床径 1.75m　　 炉床径 12.0m

優れたシミュレーション技術で、高炉内の状況を推定。高炉は小さくても大きくても、内部では同様の現象が起こっている。
・(左) 100 年以上前に日本で初めて建設された釜石・大橋高炉の内部状況を再現
・(右) 現在の最新鋭高炉

製鉄技術を循環型社会に活かす

これまで解説したように、高炉やコークス炉は鉄製造の中心的な反応炉であると同時に、非常に優れた"高温溶解炉"、"ガス発生炉"だ。

これらの機能の有効活用は循環型社会構築のキーになり得る。単に鉄をつくるだけの高炉やコークス炉ではなく、炉の持つ機能や炉から生み出されるエネルギーをうまく活用して社会貢献を果たすことができる。

従来から高炉やコークス炉から出るエネルギーは発電やガス供給、熱供給などに活用されてきた。最近では、さらに、社内外の副産物の処理にもこれらの炉の技術が大いに活躍している。製鉄所から発生するダストやスラッジを**回転炉床式還元炉（RHF）**によって付加価値の高い還元鉄に変え、高炉で再利用する技術が日本製鉄で開発された。これは副産物のリサイクル利用と地域環境改善に貢献した一例だ（**図2-9**）。

一方、高炉メーカーとして自治体に提供している、高炉と同じシャフト炉でゴミを処理する**直接溶融資源化システム**は、高炉の高温溶解技術が社外の廃棄物処理に貢献している好例だ。

また、都市生活から発生する廃プラスチックをコークス炉に添加して石炭の一部を代替する技術も世界に先駆けて日本製鉄で開

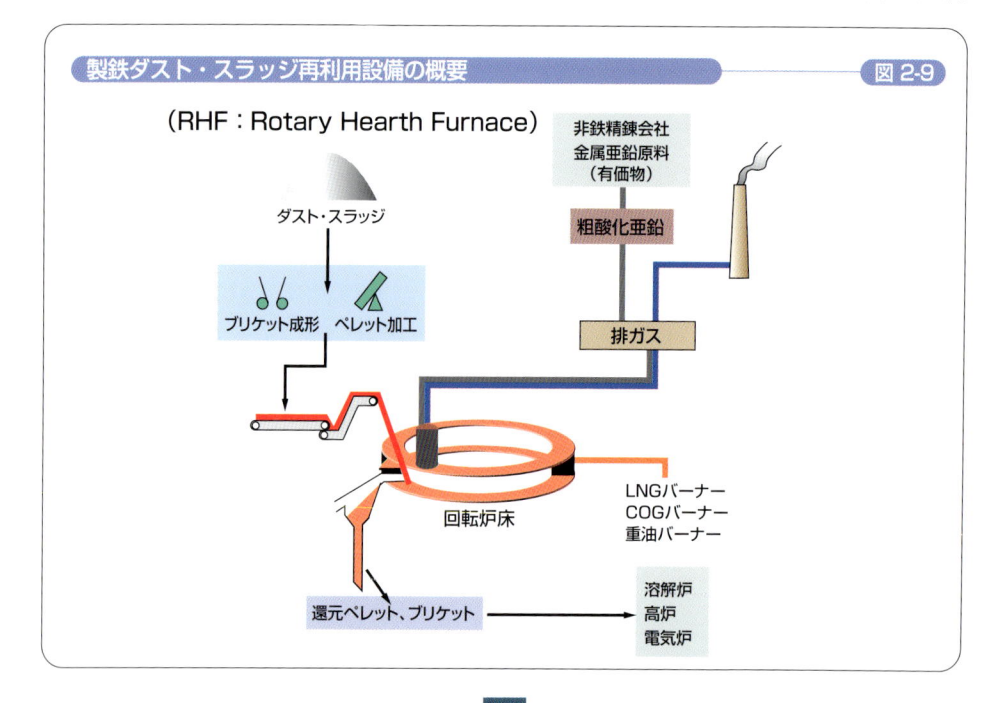

図2-9 製鉄ダスト・スラッジ再利用設備の概要

発・実用化された。現在、全国各地の製鉄所に適用され、都市廃棄物の循環利用システム確立に大きく貢献している（図2-10）。

今後は、さらに、クリーンなエネルギー社会の構築に向けて高炉やコークス炉の役割が一層期待されている。例えば、水素50%前後を含むコークス炉ガスから燃料電池用の水素を取り出す研究が国家プロジェクトとして推進されている。製鉄会社は全国各地にコークス炉を持つことから、水素の供給の面からも重要な役割を果たすことが期待されている。

さらに進化する高炉技術

現在まで約300年間受け継がれてきた高炉技術は今後も進化し続ける。

例えば、酸素の多量使用によるコンパクト高炉の実現が考えられる。高炉の下部から吹き込まれる熱風（空気）は、通常、酸素を21%含有しているが、廉価な酸素が大量に供給できれば、熱風中の酸素分を30～50%にまで高めることが可能となり、大きな炉容を持たないコンパクト炉でも高い生産性が得られる。

また、コークス炉についても、石炭粉の**熱間改質***を事前に行う方法でコークスの生

コークス炉廃プラスチック熱分解処理　図2-10

日本製鉄は、石炭の一部を廃プラスチックに代替しコークス炉に添加、100%資源化する技術を世界で初めて開発・実用化した。全国各地の製鉄所で、都市廃棄物の循環利用システムに大きく貢献している。

熱間改質：加熱しながら原料や材料をより使いやすい性質に変化させること。

産性を2倍以上高めるコンパクトなコークス炉法が提案され、国家プロジェクトで**次世代コークス製造技術「SCOPE21」**として開発が進められた(**図2-11**)。2008年5月、九州製鉄所 大分地区で実用1号機の稼働を開始した。

高炉法によらない新製鉄法の開発も行われているが、日本ではすぐに高炉法に置き換わることはない。なぜなら、高炉法は高品質の銑鉄を低コストで大量に生産できるだけでなく、鋼材加工部門や発電所などに経済的かつ高効率でエネルギー供給ができる機能を担っているためだ。

高炉を保有しない国で**グリーンフィールド**[*]に建設する場合は、高炉よりも新製鉄炉を導入した方が経済的との評価がある。しかし、既存の高炉で必要な生産能力を持つ先進国では、改修を経てエンドレスに利用できる高炉は今後も経済的に有利だ。

今後、先進国においては、いろいろな原燃料やリサイクル材を積極的に使いながら弾力的な生産を行うことが余儀なくされるので、将来は高炉法と新製鉄法を併存させた**複合型鉄製造法**も進展しよう。

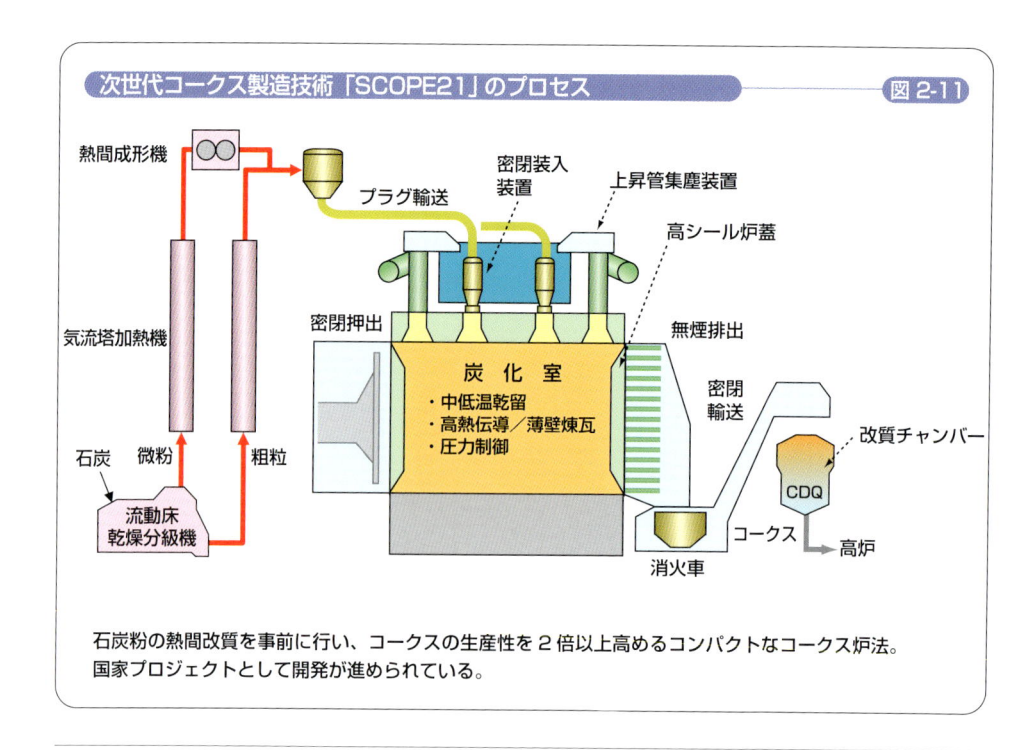

図2-11 次世代コークス製造技術「SCOPE21」のプロセス

石炭粉の熱間改質を事前に行い、コークスの生産性を2倍以上高めるコンパクトなコークス炉法。国家プロジェクトとして開発が進められている。

グリーンフィールド：既存のものがなく、新たなものを一から建設できる更地。

"国際分業"も視野に入れた原燃料使用に挑戦を！

　最近は海外の原燃料価格の高騰や地球温暖化に関わるCO_2問題が顕在化していますが、これらの問題はまさにエネルギー消費の多い製銑部門においては総力をあげて解決すべき課題と考えます。

　しかしながら、すでに原燃料の優れた改質技術などで世界最少のエネルギー消費原単位を達成している日本の高炉では、低質エネルギーの回収などで原単位の削減を図ってもコスト高をもたらし、また、回収に必要なエネルギーが多くなり、エネルギー削減につながらないことは皆さんもご承知の通りです。このことは製銑工程の内だけで課題解決するにはもはや限界に来ていることを示すともいえます。

　したがって、我々が直面している課題を解決するには発想を変えた新たな挑戦が求められます。原燃料について言えば、海外の山元*と日本の高炉の間で経済性とエネルギー消費の両面から幅広く事前処理法を考える視点が必要です。

　例えば、山元で安価な天然ガスや石炭を用いて鉱石中の酸素や結晶水を除去し、この品位の上がった鉱石を日本の高炉に運んで使用することが考えられます。山元で不必要な酸素や結晶水が減れば鉱石の輸送量が少なくなり、輸送エネルギーも軽減できます。これは一種の国際分業ですが、低品位資源の使用が一層求められる時代ではこのような発想も必要となるでしょう。

　一方、エネルギー消費についても削減を図る手法の研究に加えて地球上の循環エネルギーである**バイオマスエネルギー***を利用することが考えられます。

　循環エネルギーですからバイオマス自体のエネルギーは消費してもエネルギーの増大にはなりません。したがって、地球環境面からも望ましいといえます。もちろん、使用に当たっては集荷の難しさや高水分による処理上の問題があって経済的なハードルは高いのですが、化石エネルギーを節減し、地球温暖化を防ぐ視点に立って、その利用研究への挑戦が期待されます。

奥野 嘉雄（おくの　よしお）
工学博士
元 新日本製鐵㈱フェロー

山元：鉱山の採掘現場、あるいは採掘する企業。
バイオマスエネルギー：樹木や落葉、麦わら、家畜の糞など、生物体を構成する有機物をエネルギー資源として活用するもの。

3

鋼を生み出す

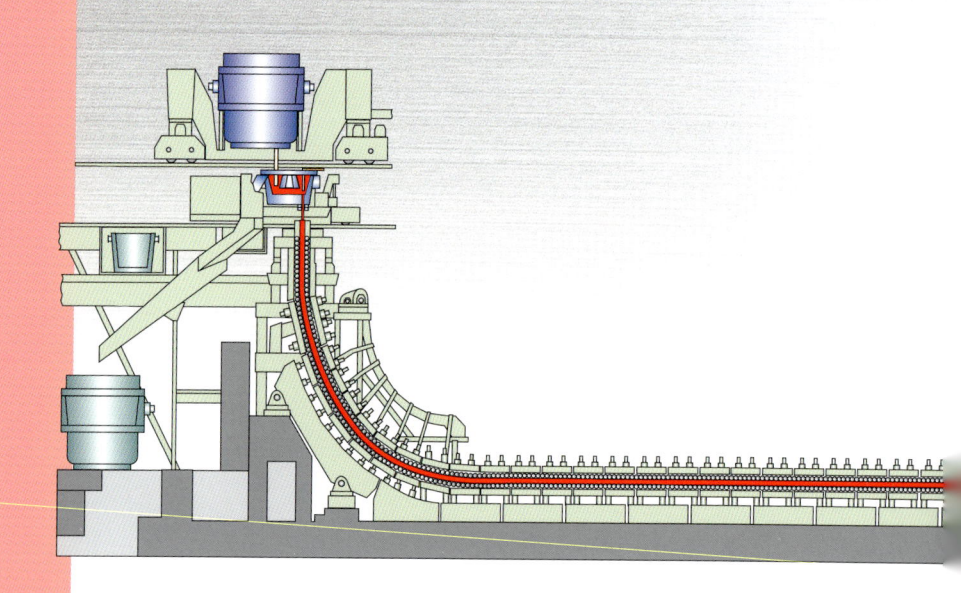

日常生活の中で私たちが利用している鉄鋼製品のほとんどは「鋼（はがね）」からつくられている。現代は「鋼の時代」だ。高炉ではコークスで鉄鉱石を還元するため、そこで生まれる銑鉄には炭素分が多く含まれている（約4.5％）。この銑鉄は粘りがなくもろい。このもろさの原因となる炭素、燐（リン）、硫黄（サルファ）、および珪素などの不純物をできるだけ取り除いて粘りのある強靭な鉄にする。それが「鋼」だ。本章では、強靭な鋼を生み出す科学の世界を紹介する。

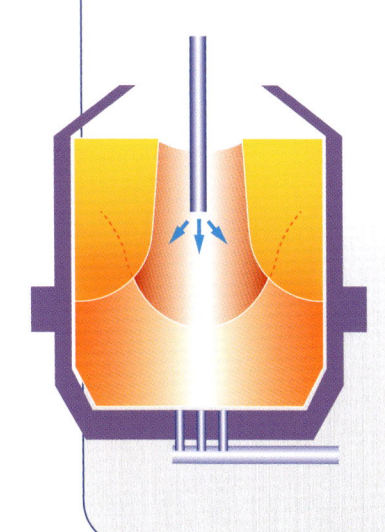

1 製鋼法の主流となった転炉法

●「鋼」をつくる

　固体の状態で鉄に炭素が飽和する炭素濃度の最高は約2%で、**状態図***上ではそれ以下のものを**鋼**といい、それ以上のものを**鋳鉄**と呼ぶ。

　通常、加工に耐える延びがあり、鉄鋼製品として使用できるものを鋼と呼ぶが、その炭素含有量は1.2%以下が一般的だ。一方、炭素を2%以上含む鋳鉄はたたくと割れてしまうため、融点の低さを利用して鋳型に流し込み製品化する（**図3-1**）。

　さらに詳しく説明すると、鉄も他の物質と同様に、高温になると溶けて液体になるが、固体鉄が液体に変化する最も温度の低いところが**共晶点温度***だ。炭素を2%以上含む鉄は、この共晶点温度以上に温度を上げると溶け始めてしまう。固体としての鉄は、炭素を約2%まで溶け込ませることができ、それ以下のものが状態図上の"鋼"となる（**図3-2**）。

　炭素濃度2%以上の融点の低い鉄は、鋳型などで形を整える鋳鉄だ。その場合、すべてが液体となる温度が最も低いのは炭素4.2～4.3%の場合であり、そこが鉄-炭素2成分系（2元系）の共晶点となる。

●「鋼」づくりの進化

　炭素2%以下の鋼は、紀元前5000～3000年頃のメソポタミアや、エジプトの古墳から出土した**隕鉄**(いんてつ)にも見られる。隕鉄とは宇宙から落ちてきた隕石のうち、鉄を主成分としてニッケル、炭素を含むものだ。当時はその隕鉄を使って装飾品などがつくられていた。

　その後、紀元前2000～1500年頃の古代オリエント地方（現在のトルコ地方）で、木炭を炭素源として鉄鉱石を還元する製鉄方法が登場した。しかし、当初は燃焼温度をそれほど上げられなかったため（おおむね共晶点温度以下）、炭素が溶け込みやすい液体の鉄が得られず、還元後は必然的に最初から2%以下の炭素を含んだ固体の鋼となっていた。固体とは言ってもスポンジのような海綿鉄だ。

　この場合、鉄鉱石に含まれる不純物（脈石分）がそのまま鋼の中に多く残るため、たたいて（鍛冶により）不純物を取り除く必要があった。温度を上げて液体化できれば、こうした不純物が比重差で分離除去できるため、たたく必要はない。

　木炭還元の加熱方法が改良され温度が高

状態図：複数の物質が混ざったとき、物質の濃度・温度変化でどのような結晶状態になるかを示すもの。2元系状態図の場合は横軸が濃度、縦軸が温度。

共晶：温度の下降に伴って液体から2種の固体が一定の割合で同時に出てくる現象、およびその結果生じた混合物のこと。鉄-炭素系の共晶点では、炭化鉄（セメンタイト）あるいは黒鉛（グラファイト）と鉄が同時に出てくる。

第3章　鋼を生み出す

工業用鉄類の分類　　図 3-1

鉄
- 科学的純鉄　[炭素%] ≒ 0
- 工業用鉄類
  - 工業用純鉄　[炭素%] = 0〜0.007
  - 鋼　　　　　[炭素%] = 0.007〜1.2
  - 鋳鉄または銑鉄　[炭素%] = 2.0〜4.5

鉄と炭素の状態図　　図 3-2

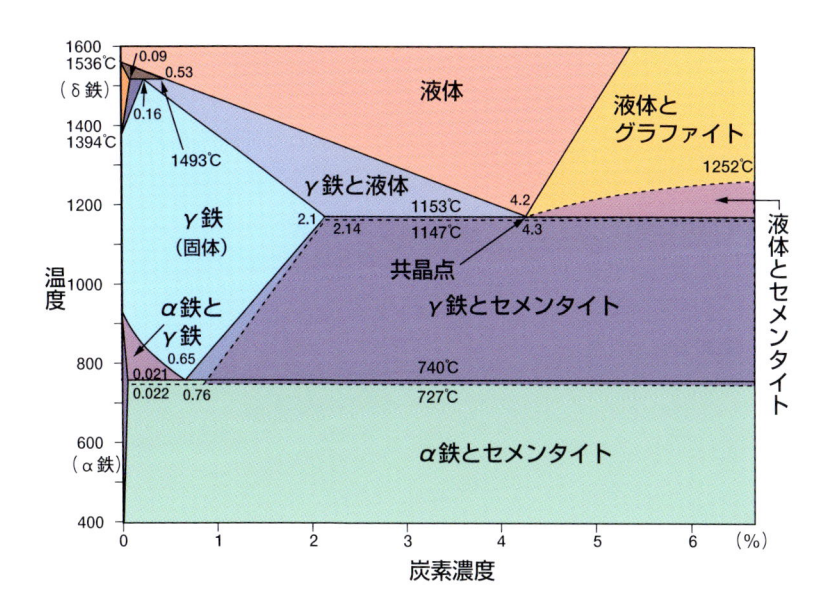

（縦軸：温度、横軸：炭素濃度(%)）

主な数値・領域：
- 1600℃／1536℃（δ鉄）
- 0.09、0.53、0.16
- 1493℃
- 1400℃／1394℃
- 液体
- 液体とグラファイト
- 1252℃
- γ鉄と液体
- 2.1、1153℃
- 2.14、1147℃、4.2、4.3
- γ鉄（固体）
- 共晶点
- 液体とセメンタイト
- γ鉄とセメンタイト
- α鉄とγ鉄　0.65
- 0.021、0.022、0.76
- 740℃、727℃
- 600℃（α鉄）
- α鉄とセメンタイト
- 400℃

鉄も他の物質と同様に、高温になると溶けて液体になる。固体鉄が液体に変化する最も温度の低いところが「共晶点温度」。炭素を2%以上含む鉄は、共晶点温度以上になると溶け始める。固体としての鉄は、炭素を約2%まで溶け込ませることができる。

α鉄：炭素濃度が0%では温度が910℃以下の鉄。

γ鉄：炭素濃度が0%では温度が912℃〜1394℃の鉄。

くなってくると、液体と固体が混ざった鉄が還元されるようになった。それでも不純物が残るためたたき出す必要があった。日本古来の製鉄法**たたら**の源流**野**だたらは、固体または固体と液体が混ざり合った鋼であったため、たたく必要があった。製造時に日本刀をたたくのは、鋼中の組織を緻密にするとともに、不純物を取り除くためでもある。

14世から15世紀にかけて、ドイツ・ライン河の支流で木炭による高炉法が誕生し、さらなる高温化が可能になり、完全な液体状態での還元が可能になった。液体には炭素が溶け込みやすいため、炭素濃度4.5%程度の融点が低い銑鉄となる。液体の状態であれば比重差から不純物を除去しやすい。

一方で、もろさの原因となる燐や硫黄などの元素も還元され溶け込みやすくなる。その数値は固体に比べ、燐が約8倍、硫黄は約30倍にもなる。そこで**製鋼プロセス**では、炭素を除去するとともに、燐や硫黄などの不純物を取り除くことが重要な役割となる。

製鋼法の主流—転炉法

現在、製鋼法の主流を占めるのが**転炉法**だ。転炉法による製鋼プロセスは、脱炭精錬前に溶銑中の燐や硫黄を取る**溶銑予備処理**と、炭素を取る**一次精錬**、そしてその後、溶鋼中に残った水素や窒素などの気体を抜き、必要に応じてさらに硫黄を取り、かつ成分調整の合金添加を行う**二次精錬**で成り立つ（**図3-3**）。

製鋼プロセスの中心となる転炉（**写真3-1**）はつぼ型（洋梨型）で、この中で銑鉄が

転炉　　写真3-1

転炉では「銑鉄」が「鋼」に精錬される。まず少量の鉄スクラップを入れ、次に高炉から出銑された溶銑を、溶銑を運搬する容器の溶銑鍋から流し込み、精錬が始まる。

第3章　鋼を生み出す

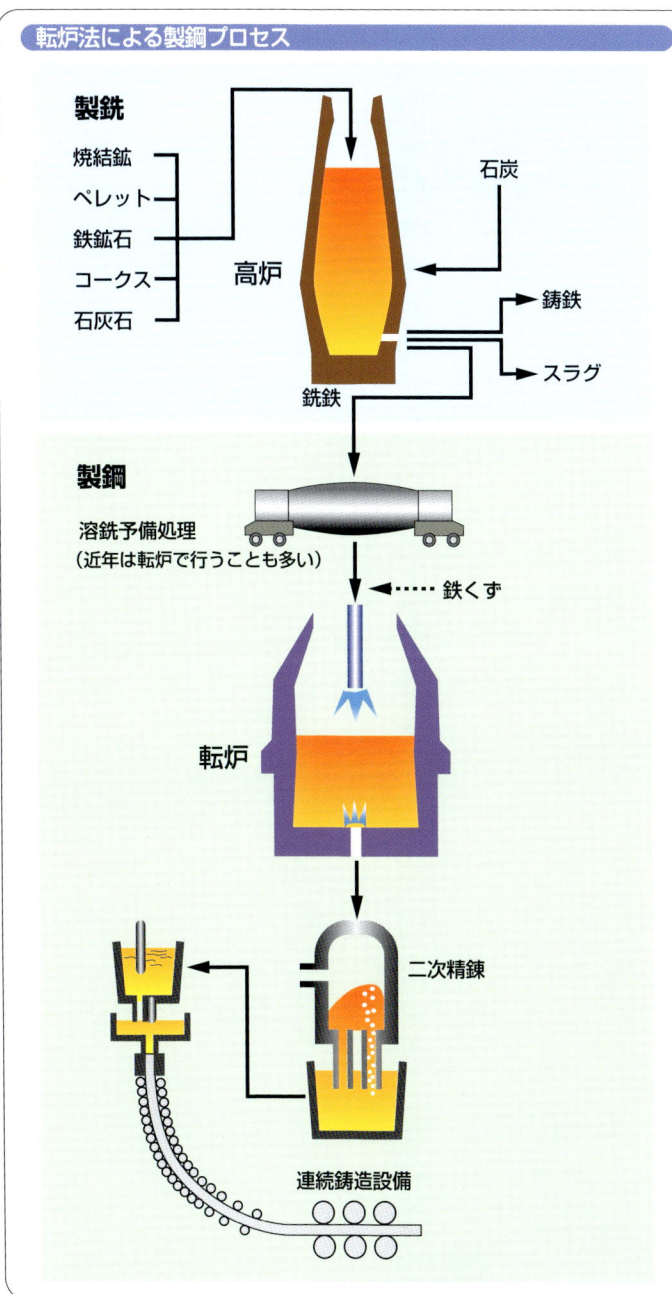

転炉法による製鋼プロセス　図 3-3

製銑
- 焼結鉱
- ペレット
- 鉄鉱石
- コークス
- 石灰石

高炉
石炭
鋳鉄
スラグ
銑鉄

製鋼
溶銑予備処理
（近年は転炉で行うことも多い）

鉄くず
転炉
二次精錬
連続鋳造設備

転炉法は、脱炭精錬前に溶銑中の燐や硫黄を取る「溶銑予備処理」と、炭素を取る「一次精錬」、溶鋼中の水素・窒素や、必要に応じて硫黄を取り除き成分調整として合金添加を行う「二次精錬」から成る。

鋼に精錬される。

　まず少量の鉄スクラップが装入され、次に高炉から出銑された溶銑が溶銑鍋（溶銑を運搬する容器）から流し込まれ、酸化カルシウム（生石灰）を主成分としたスラグ原料を加え転炉内での精錬が始まる。1 cm² 当たり約10kgの大きな圧力で酸素を吹き込み、撹拌し、その酸素が銑鉄中の炭素、珪素、燐、マンガンなどと急速に反応し、燃焼による高熱が発生する。

　ここで生じた酸化物は酸化カルシウムと結び付き、スラグとして安定化する。この酸化反応によって炭素が除去されるとともに、燐や珪素は比重が軽く上部に浮上するスラグに取り除かれ、低炭素で不純物の少ない鋼が生まれる（図3-4）。

　鋼はこうしてつくられるが、それでもまだ微量の酸素や不純物が残る。そこでこれらの成分をさらに取り除いて成分を調整する（二次精錬）。不純物の少ない高級鋼を製造するためには不可欠な工程だ。二次精錬の方法は多様だが、真空の容器に溶鋼を吸い上げ、またはアルゴンガスなどの**不活性ガス***を吹き込んで還流させて、炭素、酸素、窒素、水素などの不要な成分をガスとして抜いてしまう**真空脱ガス技術**が広く用いられている。

　また、減圧下で酸素を吹き込んだり（インジェクション）、上吹きランス（酸素を吹き込むパイプ）から吹き付けると一酸化炭素ガスの発生が促進されて、さらに炭素濃度を下げることができる。

転炉内の反応　　　　　　　　　　　　　図3-4

スラグ内反応

$(CaO) \rightarrow (Ca^{2+}) + (O^{2-})$

$(SiO_2) + (2O^{2-}) \rightarrow (SiO_4^{4-})$

$(Fe_tO) \rightarrow (2-2t)(Fe^{3+})$
$\quad + (3t-2)(Fe^{2+}) + (O^{2-})$

スラグ/メタル界面、メタル/ガス界面反応

脱P反応　　$[P] + \frac{3}{2}(O^{2-}) + \frac{5}{4}O_2(g) \rightarrow (PO_4^{3-})$

　　　　　　$[P] + \frac{3}{2}(O^{2-}) + \frac{5}{2}(Fe_tO) \rightarrow (PO_4^{3-}) + \frac{5}{2}t[Fe]$

脱C反応　　$[C] + \frac{1}{2}O_2(g) \quad\quad \rightarrow CO(g)$

　　　　　　$[C] + (Fe_tO) \quad\quad \rightarrow CO(g) + t[Fe]$

脱Si反応　　$[Si] + O_2(g) \quad\quad \rightarrow (SiO_2)$

　　　　　　$[Si] + 2(Fe_tO) \quad\quad \rightarrow (SiO_2) + 2t[Fe]$

FeOの生成反応　$t[Fe] + \frac{1}{2}O_2(g) \quad \rightarrow (Fe_tO)$

大きな圧力で酸素を吹き込み、撹拌。酸素は銑鉄中の炭素、珪素、燐、マンガンなどと反応し、高熱が発生する。酸化物はスラグとして安定化される。酸化反応によって炭素が少なくなり、燐や珪素はスラグに取り込まれ、低炭素で不純物の少ない「鋼」が生まれる。

不活性ガス：他の種類のガスと化合しにくく、燃焼しにくいガス。アルゴンガスはその代表例。

第3章　鋼を生み出す

🔵 "外部燃料を使わない"転炉

　現在の転炉の原型(**酸性底吹き転炉法**)は、1856年、H.ベッセマーにより考案され、フランス軍の鉄鋼製**旋条大砲**＊作成法として実用に達した。当初は、転炉底のノズルから空気(酸素)を吹き込む"底吹き"で、銑鉄中の炭素を一酸化炭素、二酸化炭素に変換して取り除いた。

　しかし、この**ベッセマー転炉**の炉壁は酸性酸化物の珪石(酸化シリコン)でできており、空気をいくら吹き込んでも不純物である燐が取り除けなかった。通常、燐は燐酸として酸化させ除去するが、分離除去する燐酸がうまく溶け込むスラグが、珪石を用いた炉壁の転炉ではできなかったためだ。

　一般的に、スラグ中の酸化カルシウムの濃度が高いほど燐酸が安定して燐が取りやすくなるが、ベッセマー転炉の耐火物に使われた珪石が溶けて増加すると燐を除去しにくくなる。燐濃度が高い鋼はもろくなるため、この転炉法では製鉄原料の制約があり、燐を含まない鉄鉱石を選ぶ必要があった。

　1879年に登場した**トーマス転炉**(**塩基性底吹き転炉法**)も"底吹き"方式だが、炉壁が酸化カルシウムと酸化マグネシウムをベースとした耐火物でつくられている。酸化カルシウムと酸化鉄があれば、溶銑中の燐を酸化させ、それを化学的に安定させてスラグ中に取り込むことができる。

　それと並行し、1856年に登場した**平炉**(**蓄熱炉、図3-5**)が、アメリカを中心に普及した。銑鉄(炭素約4.5％)と市場の鉄スクラップ(低炭素の鋼材)を入れて、蓄熱室で加熱した空気で燃料を燃焼させ、その熱を反射盤で炉全体に回し、加熱しながら不純物を酸化させて溶鋼をつくる方法だ。炭素濃度が高い銑鉄と、すでに炭素が除去された鋼のスクラップを混ぜて炭素濃度を薄めることができる。

　しかし、平炉では冷えた銑鉄やスクラップを使用するため加熱に時間がかかり、精錬処理には約10時間(1960年代には約3時間まで短縮された)も要した(転炉の処理時間：約30分)。そのため平炉は徐々に衰退し、

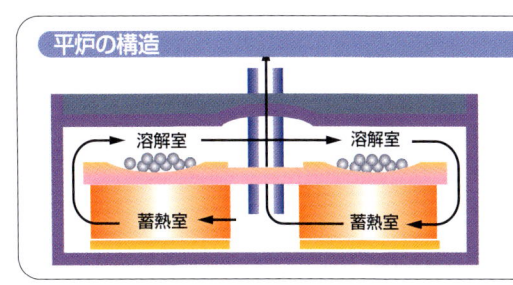

平炉の構造　　　　　　　　　　　　　　　　　　　　**図 3-5**

1856年に登場した「平炉(蓄熱炉)」では、銑鉄とスクラップを入れて、蓄熱室で加熱した空気で燃料を燃焼させ、その熱を反射盤で炉全体に回し溶鋼をつくる。左側の蓄熱室の温度が下がると、切り替え弁により、右側の蓄熱室に新しい空気が導入され、流れは逆方向になって、排ガスは左側の蓄熱室を通って煙道に導かれるようになる。

旋条大砲：砲身円筒の内面に弾丸を旋動するための渦巻き溝が切ってある大砲。

1960年代を境にわが国からは姿を消した。

転炉の大きな特徴は、溶銑の炭素量が多いため、これを燃やして熱を生み出す"外部燃料を使わない自家発熱"だということだ。これに対して平炉は、炭素量が少ないスクラップを使うため、外部からの熱供給が必要になる。

進化する転炉法

鋼の精錬に不可欠な酸素は、当初大気をそのまま利用していた。しかし大気中には窒素が80％もあり、窒素が熱を奪うため溶銑の温度が下がってしまう。その後、**空気液化分離装置**[*]が発明されて、純酸素を廉価に製造する方法が現れ、その酸素を使うことでこの課題を解決できるようになった。

しかし、底吹きで純酸素を吹き込むと、底部の耐火物の消耗が激しくなる。実は従来、窒素はその消耗を抑える役割を果たしていた。しばらくの間は、底部が消耗しないように酸素濃度を調整したトーマス転炉と平炉が併用されていた時代があった。トーマス転炉では、燐濃度の高い鉱石を還元して得られた溶銑を用いて、燐の酸化熱も使って温度を上げていた。

その後、1949年には酸素を底から吹いて攪拌しなくても、上から吹くだけで十分に溶銑が攪拌されることがわかり、**上吹き転炉**が実用化された。最初は上からノズルを深く溶銑の中に差し込んでいたが、あるときそのノズルが折れていたにもかかわらず、十分に脱炭できたことで発見された技術だ。

次に、底部を保護する純酸素の底吹き技術が現れ、再び底吹き転炉が登場。しかし、攪拌力が強い底吹きは反応速度は速いが、上部の温度が上がりにくいなどの課題があった。

そこで、上吹きで酸素を吹き込みながら、攪拌力の強い底吹きを補完的に行う方法が考案された。また、高炭素鋼などをつくる場合は、底吹きには酸素を使わず、アルゴン、窒素などの攪拌用のガスを用いて、炉底部の消耗を抑える方法なども考案された。現在はこの**上底吹き転炉**が主流になり、上から吹き込まれる酸素と底部からの攪拌力によって製鋼時間は飛躍的に短縮された（図3-6）。

酸素ガスの底吹き羽口の耐火物は、炭素や鉄の燃焼による過酷な高温環境下に置かれるため、冷却しなければならない。純酸素底吹きではプロパンガスなど、熱分解時に吸熱・冷却効果があるガスを2重管ノズルの外管に流して、耐火物の温度上昇を抑えている。ノズル内管からは酸素を吹いて炭素や燐を燃やし、外側には冷却用ガスを流す2重管構造だ。

こうして転炉法は約150年の歴史を経て進化を遂げてきた（表3-1）。

空気液化分離装置：圧力などをかけて空気を液化した後、再び気化させ、沸点の違いを利用して、酸素、窒素、アルゴンなどに分離する装置。

第3章　鋼を生み出す

酸素吹き込み法の違い　　図3-6

1950年頃～
上吹き法
酸素

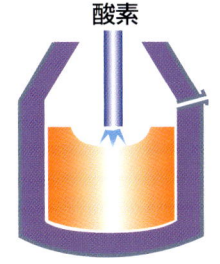

1949年、上から吹くだけで十分に溶銑が撹拌されることがわかり、「上吹き転炉」が実用化された。

1970年頃～
底吹き法

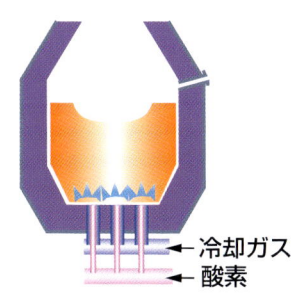

冷却ガス
酸素

底部を保護する技術が現れ、再び底吹き転炉が登場。撹拌力が強く反応速度は速いが、上部の温度が上がりにくかった。

1980年頃～

現在の主流。上吹きで酸素を吹き込みながら、撹拌力の強い底吹きを補完的に行う手法。

上底吹き法
酸素

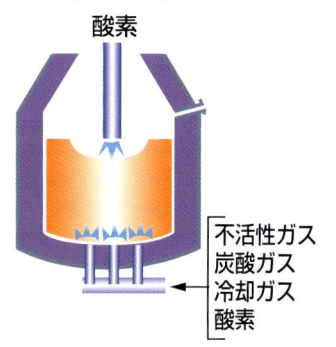

不活性ガス
炭酸ガス
冷却ガス
酸素

酸素製鋼法の変遷 — 約150年の歴史を経て進化を遂げてきた転炉法　　表3-1

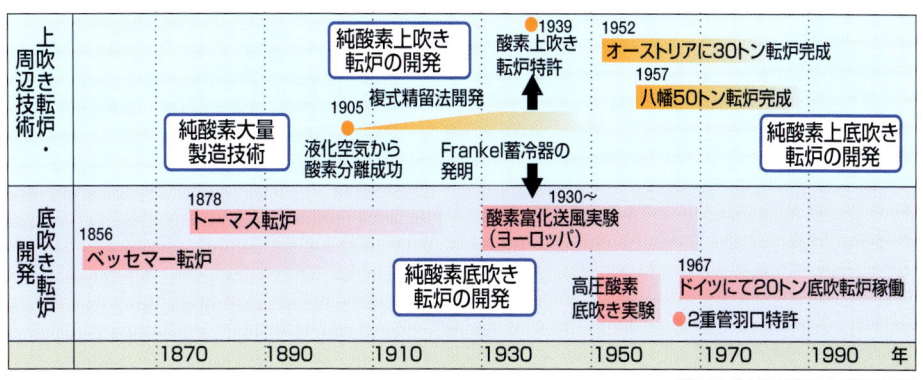

上吹き転炉・周辺技術			純酸素大量製造技術	1905 液化空気から酸素分離成功	純酸素上吹き転炉の開発　複式精留法開発	1939 酸素上吹き転炉特許　Frankel蓄冷器の発明	1952 オーストリアに30トン転炉完成　1957 八幡50トン転炉完成	純酸素上底吹き転炉の開発
底吹き転炉開発	1856 ベッセマー転炉	1878 トーマス転炉				1930～ 酸素富化送風実験（ヨーロッパ）　純酸素底吹き転炉の開発	高圧酸素底吹き実験　1967 ドイツにて20トン底吹き転炉稼働　2重管羽口特許	
	1870	1890		1910		1930　1950	1970	1990　年

「底吹転炉法」（野崎努著、日本鉄鋼協会発行）

2 着実に進化する精錬技術

不純物に挑む

現在の製鋼プロセスは、まず溶銑予備処理工程で、もろさの原因となる硫黄を取り除く。この処理には、溶銑が入った**取鍋**[*]に酸化カルシウムを主体とする脱硫剤を加えて、耐火物でできた羽根で攪拌し、硫黄を取り除く**KR(Kanbara Reactor)法**という手法と、窒素ガスをキャリアーガス(粉体吹き込み用のガス)として、取鍋に酸化カルシウムなどの脱硫剤を吹き込み、溶銑中の硫黄を固定して取り除く方法などがある。

次に転炉の中では、脱炭の前に上から酸素を吹き付け、珪素と燐を酸化させ取り除く予備処理が行われる。また、これらの溶銑予備処理は、トーピードカー(溶銑を運ぶ車)内で行うこともある。

炭素を取る一次精錬においても、不純物はスラグに取り込まれ取り除かれる。本章1で述べた通り、スラグは酸化カルシウムの濃度が高いほど燐酸を安定化させることができ、燐を除去しやすい。

また、反応速度を上げるためには、スラグの融点を下げて液状化する必要がある。スラグの成分である酸化物は、多成分系(多元系)にすることによって融点が下がる。そこで、主として酸化カルシウム、酸化シリコン、酸化鉄の3成分系として融点を下げ、低い温度でスラグを液体にしている。

ただし、燐酸を安定化させる酸化カルシウムの濃度を下げないためには、あまり酸化シリコン成分を増やすことはできない。燐を除去するうえで邪魔となる酸化シリコンは"必要悪"だ。燐酸を安定化させると同時に、融点を低くして液体にし反応を早く進ませるといった、相反する条件を両立させることにスラグ生成の難しさがある。

かつては、融点を下げやすい螢石(フッ素を含む弗化カルシウム)なども使われたが、環境負荷低減のために新たな挑戦が行われてきた。

精錬に欠かせない「スラグ」

このように、鋼中の不純物を取り除くためにスラグは不可欠だ。1650℃にも及ぶ転炉内では、ノズルから吹き付けられる酸素がジェット噴射で内部深くまで達している。噴射の圧力に押され、周りは溶鋼とスラグが持ち上がった状態になる。

スラグ中では、発生する一酸化炭素が泡となり、スラグは膨らし粉を入れたように膨張する(フォーミング)。また粒鉄がスラグ中に飛散する。溶鋼の体積に比べ転炉の容量を大きくしてあるのはそのためだ。そ

取鍋:溶銑や溶鋼などを入れて運搬する容器。内側は耐火物でできている。この容器内で溶鋼を二次精錬する場合もある。
排滓:酸化物などの不純物を吸収したスラグを炉の外に排出すること。

第3章　鋼を生み出す

して酸化されやすい珪素、燐、炭素の順番で鉄から不純物が取り除かれ、生成した酸化物はスラグ内に取り込まれる（66頁**図3-4**参照）。また、このフォーミングが十分できると、スラグが膨張するので、後述する「MURC法」での中間**排滓**（はいさい）＊で捨てやすい側面もある。

さらに、転炉を傾けスラグを上部炉壁に接触させる動作には、転炉を守る役割がある。

炉壁には高熱への耐久性（耐熱衝撃性）を高めるため、酸化物だけでなく黒鉛（グラファイト）も含まれている。その成分が酸化され黒鉛がなくなってしまうと、目地が弱くなり炉壁がもろくなる。それを防ぐためには空気と遮断したい。溶鋼に浸かっている部分は空気と遮断されているため問題はないが、空気と接する上部は、徐々に黒鉛がなくなりもろくなっていく。

そこで、溶鋼に浸かっていない炉壁上部にスラグを意図的にコーティングして、空気による炉壁の酸化を防ぐ。スラグは、耐火物でできた炉壁との濡れ性が良く（はじかれない）炉壁面に付着しやすい。

MURC法のフロー　　　図3-7
（Multi-Refining Converter）

鋼の純度を高めると同時に、スラグの排出量を抑え、製鉄所内の資源有効利用を実現した操業法。

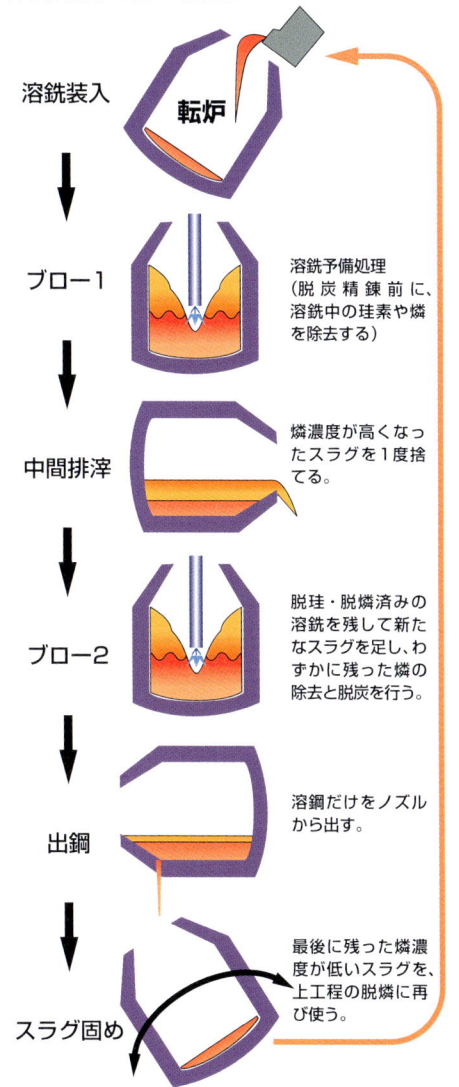

溶銑装入：転炉

ブロー1：溶銑予備処理（脱炭精錬前に、溶銑中の珪素や燐を除去する）

中間排滓：燐濃度が高くなったスラグを1度捨てる。

ブロー2：脱珪・脱燐済みの溶銑を残して新たなスラグを足し、わずかに残った燐の除去と脱炭を行う。

出鋼：溶鋼だけをノズルから出す。

スラグ固め：最後に残った燐濃度が低いスラグを、上工程の脱燐に再び使う。

転炉操業のイノベーション

転炉の操業法は日々進歩している。日本が世界に誇るMURC（Multi-Refining Converter）法はその集大成の1つだ。

転炉での予備処理後、燐濃度が高くなったスラグを1度捨てて（中間排滓）、脱珪・脱燐済みの溶銑を残し、新たなスラグを足し、わずかに残った燐の除去と脱炭を行う。そして溶鋼だけをノズルから出し、最後に残った燐濃度が低いスラグを上工程の脱燐に再び使う。つまり、2回スラグを使って（スラグを入れ替えるダブルスラグ法と同じ）1回しか捨てないことで、鋼の純度を高めると同時に、スラグの排出量を抑え、製鉄所内の資源有効利用を実現した操業法だ（71頁図3-7）。

燐を徹底的に除去したい場合は、脱燐、脱珪後に、溶銑を別の取鍋に一度移し、空になった転炉を逆さまにして炉壁に残ったスラグを完全にふるい落とし、取鍋に移しておいた溶銑を再び転炉に戻して脱炭する（**同一炉LD-ORP**）。

そして極限まで燐濃度を低減したい場合は、脱炭時への燐の持ち越しを防ぐために、脱燐した転炉とは別の転炉に溶銑を移し替えて脱炭する（**専用炉LD-ORP**）。

さらに製鉄所で発生する酸化鉄の粉であるダストを回転炉床法（RHF）で9割程度還元させ、**豆炭形状**にしてスクラップと一緒に装入する方法を採用し、製鉄所におけるゼロエミッションを目指した、循環型社会構築への取り組みも行われている。このように、常に新たな操業法が開発され続けている。

新たな真空脱ガス技術

転炉の進化に続く技術革新は**真空脱ガス技術**の登場だ。

転炉での一次精錬が完了した溶鋼を、さらに真空槽の中で脱炭、脱ガス（脱水素・窒素）、脱酸する。また、アルゴンガスなどで攪拌しながら、吹き込みまたは吹き付けで脱硫剤を入れて、溶鋼中の硫黄をさらに取り除く。

この真空脱ガス法には主に2つの方法がある。

1つは、溶鋼を取鍋から真空槽の中に吸い上げ、鋼中の水素・窒素の脱ガスを行う真空処理方法（**DH：1968年～1970年代後半**）だ。

溶鋼に含まれる水素、窒素、一酸化炭素が、真空中で圧力が下がることによって炭酸飲料の泡のように浮き出て、真空槽内の圧力とつり合う（平衡）までガス成分量が下がる。山の上などで気圧が下がると水が沸騰しやすくなるのと同じ原理だ。

圧力を上げると液体の中に気体が入りや

真空脱ガス原理比較　図 3-8

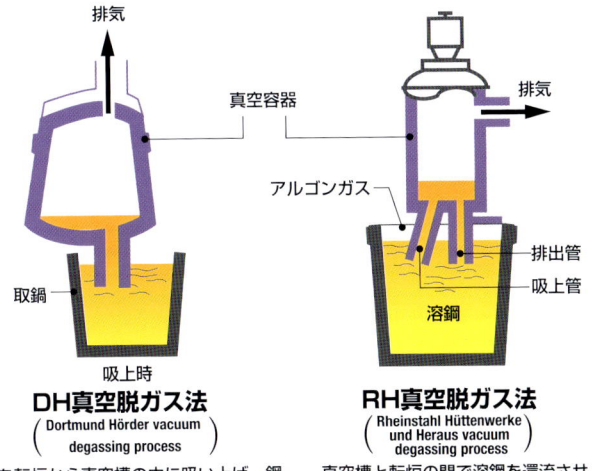

DH真空脱ガス法
(Dortmund Hörder vacuum degassing process)

溶鋼を転炉から真空槽の中に吸い上げ、鋼中の水素・窒素の脱ガスを行う真空処理方法。

RH真空脱ガス法
(Rheinstahl Hüttenwerke und Heraus vacuum degassing process)

真空槽と転炉の間で溶鋼を還流させて反応面積を増やす真空処理方法。

ラベル：排気、真空容器、取鍋、吸上時、アルゴンガス、排出管、吸上管、溶鋼

RHインジェクション　図 3-9

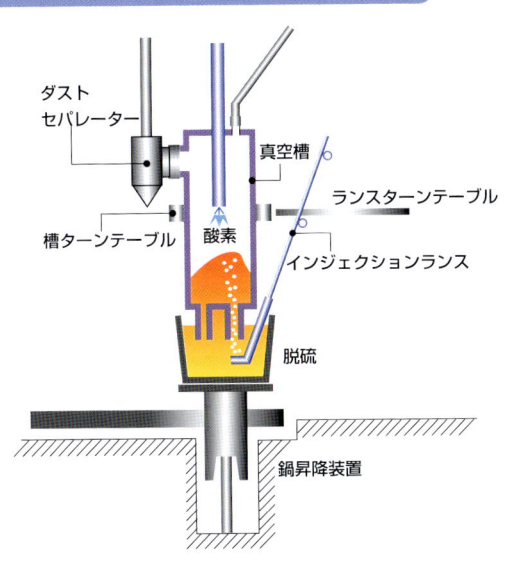

ラベル：ダストセパレーター、真空槽、槽ターンテーブル、酸素、ランスターンテーブル、インジェクションランス、脱硫、鍋昇降装置

すく、下げると気体は液中から出てくる。真空槽を上下させて溶鋼を入れ替えて、処理を繰り返す。

その後、新たな真空脱ガス技術が登場した(**RH：1970年代以降**)。真空槽と取鍋の間で溶鋼を還流させて反応面積を増やすものだ。

ガスを吹き込むことによって還流状態を作り、上部の真空槽で脱ガスされた溶鋼が取鍋に戻り、再び取鍋から真空槽に上昇することによって、溶鋼全体が徐々に脱ガスされる仕組みだ(前頁 **図3-8**)。

この真空処理は当初脱ガスが目的だったが、酸素を上部ランスから吹き付けたり、ノズルから吹き込むと溶鋼中の炭素が一酸化炭素として燃焼するため、さらに炭素を除去することができる。すなわち**極低炭素鋼**を作ることができる。

過酷な成形・加工に耐える軟らかさを持つ、自動車用鋼板の原点にある技術だ(前頁 **図3-9**)。

現在、要求される炭素濃度は、超深絞り鋼板で20**ppm**＊以下、自動車用鋼板では10ppm以下にもなる(**表3-2**)。

また、日本製鉄の独自技術 **MFB**(**Multiple Function Burner**)では、酸素を吹き、鋼中の炭素をさらに酸化させ落とすとともに、酸素だけでなく、燃焼ガスを吹き付けることで溶鋼の温度制御が可能となり、かつ地金（じがね）の槽への付着を防止することで、珪素を含んだ**電磁鋼板**＊や、珪素が不要な自動車用鋼板などの作り分けが可能になる。

特に、処理中の地金の融け落ちがなくなり、炭素量の変動を抑制できることが効果大である。

極低炭素鋼の生産量が伸びるとともに、現在ではRHが主体になっているが、DHについては、浸漬管（しんせきかん）の断面積を広げ、かつ底吹きガス(アルゴンガス)を用いて脱ガスの生じる溶鋼表面積を増大させた、日本製鉄の独自技術 **REDA**(**Revolutionary Degassing Activator、レーダ**)**法**が開発されている。

こうして温度と成分が整った鋼が連続鋳造機に送られる。次に製鋼プロセスとして重要な役割を果たす連続鋳造にスポットを当てよう。

第3章　鋼を生み出す

高純度鋼における各元素の要求値

表 3-2

元素	プロセス組み合わせ	含有量	製品
[C]	LD－上底吹き転炉 → RH	[C] ≦20ppm	深絞り用鋼板
[P]	溶銑処理 → LD－上底吹き転炉 → RH	[P] ≦70ppm	合金鋼、高圧溶器
[P]	溶銑処理 → LD－上底吹き転炉 → PI → RH → PI	[P] ≦50ppm	耐水素誘起割れ鋼
[P]	溶銑処理 → 鋼の脱燐 → LF → RH	[P] ≦50ppm	9％ニッケル鋼
[S]	溶銑処理 → LD－上底吹き転炉 → RH	[S] ≦30ppm	ラインパイプ
[S]	溶銑処理 → LD－上底吹き転炉 → PI → RH → PI	[S] ≦10ppm	耐水素誘起割れ鋼
[N]	LD－上底吹き転炉 → RH	[N] ≦20ppm	連続焼鈍用鋼板
[O]	溶銑処理 → LD－上底吹き転炉 → LF → RH	[O] ≦10ppm	軸受け鋼
[H]	溶銑処理 → LD－上底吹き転炉 → RH	[H] ≦1.5ppm	ラインパイプ等の厳格材
介在物制御	溶銑処理 → LD－上底吹き転炉 → LF	清浄度、変形能	タイヤコード

PI：パウダーインジェクション　　LF：レードルファーネス

ppm：濃度を表す単位。parts per million の略で 100 万分の 1 を表す。その量は $1m^3$（浴槽分）の 1ml にあたる。
電磁鋼板：トランスや家電モーターなど、電気および磁気を応用した機器に使う透磁性の高い鋼材。

3 連続鋳造の役割と挑戦

連続鋳造の役割

精錬が終わった鋼は、合金を添加して成分を調整後、**鋳造プロセス**に送られる。

ここで鋼は固められて"鋼片"となり、鋼板、棒線、**H形鋼***などの鋼材の半製品となる。1960年代までは、鋳型に溶鋼を流し込み、自然に冷やして固めた鋼の塊を再び加熱して、**分塊圧延機***で延ばし"鋼片"をつくっていたが、1970年代になると、溶鋼から直接鋼片をつくる**連続鋳造機**の適用が拡大していった。

連続鋳造工程では、溶鋼を最上部の鋳型に注ぎ、側面が凝固したものを鋳型の底から引き出していく（**図3-10**）。分塊工程の省略による生産性向上と、溶鋼の熱を効率的に活用できる省エネルギー効果から、1983年には適用率が90％を超え、現在ではほぼ100％になった。

連続鋳造プロセスの重要な役割は、鋼中の介在物をさらに除去することだ。酸化物などの固体の介在物は、鋼材の強度、加工性、耐疲労性（繰り返し加わる負荷によって起

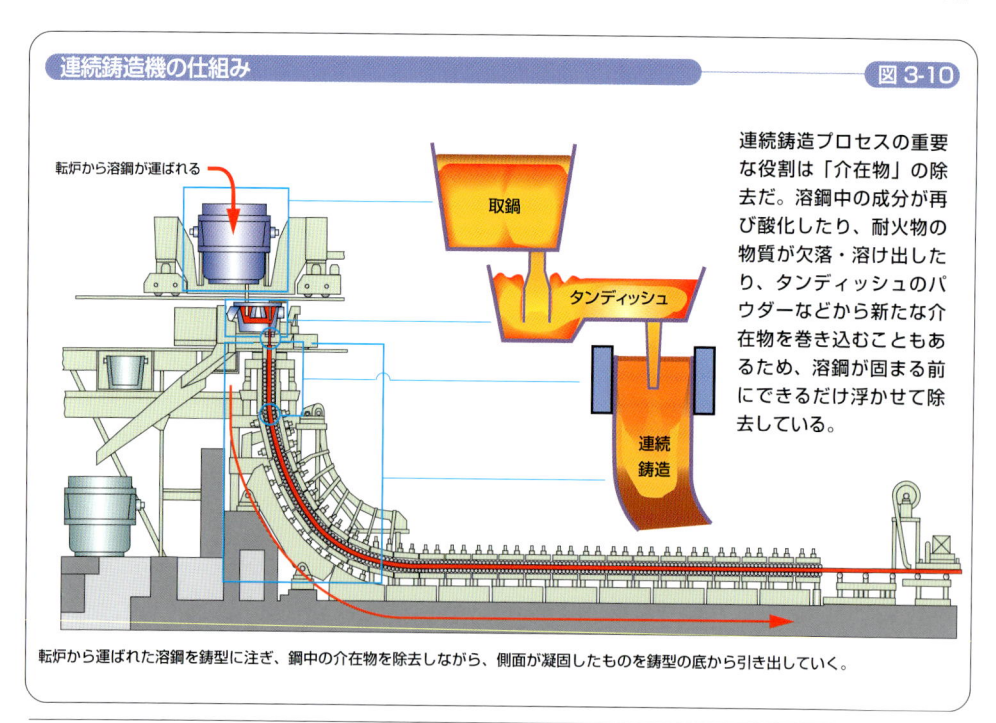

連続鋳造機の仕組み　図3-10

転炉から溶鋼が運ばれる／取鍋／タンディッシュ／連続鋳造

連続鋳造プロセスの重要な役割は「介在物」の除去だ。溶鋼中の成分が再び酸化したり、耐火物の物質が欠落・溶け出したり、タンディッシュのパウダーなどから新たな介在物を巻き込むこともあるため、溶鋼が固まる前にできるだけ浮かせて除去している。

転炉から運ばれた溶鋼を鋳型に注ぎ、鋼中の介在物を除去しながら、側面が凝固したものを鋳型の底から引き出していく。

H形鋼：断面形状がHの形をした鋼材。建築（鉄骨）や鉄構造物などに多く用いられている。
分塊圧延機：鋼の塊を均熱炉で均一に加熱して、製品として必要な形状・寸法の半製品に成形する圧延設備。

こる破壊への耐久性)などの低下、また表面疵の原因となるため、連続鋳造工程では溶鋼が固まるまでに、できるだけ浮かせて除去する。

さらに溶鋼中の成分が再び酸化したり、耐火物から欠落したり溶け出した物質や、**タンディッシュ***の保温用・酸化防止用のスラグ(融点の低い溶融酸化物を主成分とする)から、新たな介在物を巻き込んだりするため、それらも浮かせて除去しなければならない(**図3-10**)。

🔵 介在物を浮かせて除去

溶鋼中の介在物を徹底して除去するため、さまざまな工夫がされている。まず1つ目の例がタンディッシュに設けられたいくつかの堰だ。これで溶鋼の留まる時間を長くし介在物を浮きやすくしている。名古屋製鉄所の**H型タンディッシュ**はその一例だ(**図3-11**)。

2つ目が**電磁ブレーキ**(Level Magnetic Field、LMF)。タンディッシュから浸漬ノ

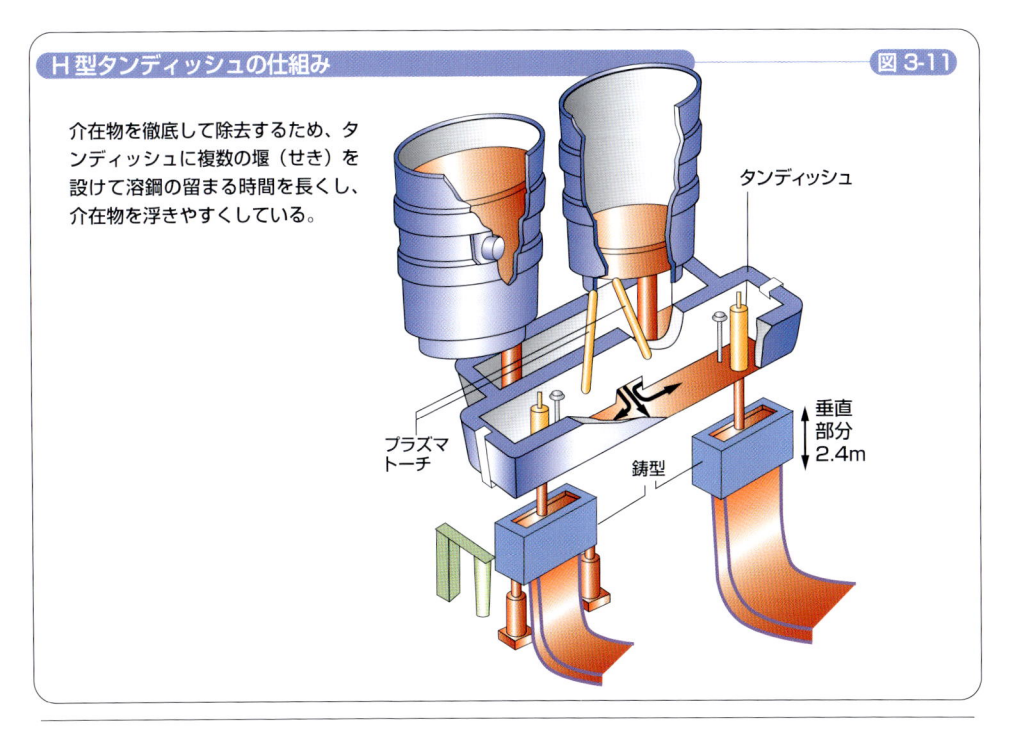

H型タンディッシュの仕組み　　　　　　　　図3-11

介在物を徹底して除去するため、タンディッシュに複数の堰(せき)を設けて溶鋼の留まる時間を長くし、介在物を浮きやすくしている。

- タンディッシュ
- プラズマトーチ
- 鋳型
- 垂直部分 2.4m

タンディッシュ：連続鋳造機で取鍋から鋳型に注がれる溶鋼を途中で一時受け止め、介在物をさらに取り除く受け皿。

ズルを通し、左右2つの吐出口から溶鋼が鋳型に注がれるときに、溶鋼の流れが鋳型の深い所まで届かず、浅い所で戻るように電磁ブレーキ(静磁場)をかけている。溶鋼の下降流速を落とすことで、鋳型の浅い部分から溶鋼の流れを上に戻し、介在物を浮きやすくしている(図3-12上)。

3つ目は、**鋳型内電磁攪拌**(In-mold electromagnetic stirrer, EMS)。鋼片の表面下に介在物がとらわれて製品欠陥となることを防ぐため、磁界を移動させて鋳型内に溶鋼の流れをつくる。これで、介在物が最初に固まる表層に留まることがなくなり、鋼片の表面をきれいにすることができる(図3-12下)。

介在物の除去のために、鋳造機の形状にも工夫が施されている。当初垂直型だった鋳造機は、建物の高さ制限に柔軟に対応するため、溶鋼の凝固に合わせて徐々に水平になる**湾曲型鋳造機**に変わった。

しかし湾曲型では、浮こうとする介在物が湾曲部の内側に引っかかり、介在物が鋼片の表面にもとらわれてしまうので、その後、介在物をより多く浮かせるために、最初の部分に"垂直部"を設けた。溶鋼が固まる前の上部が垂直であれば介在物が浮上し、

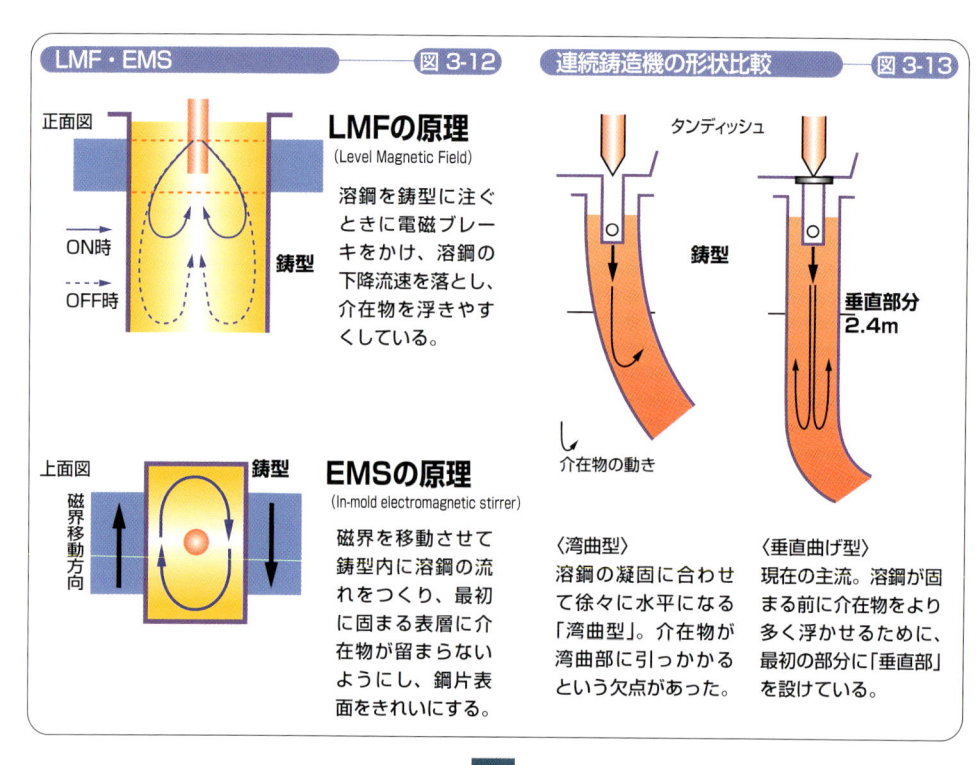

図3-12 LMF・EMS

LMFの原理 (Level Magnetic Field)

溶鋼を鋳型に注ぐときに電磁ブレーキをかけ、溶鋼の下降流速を落とし、介在物を浮きやすくしている。

EMSの原理 (In-mold electromagnetic stirrer)

磁界を移動させて鋳型内に溶鋼の流れをつくり、最初に固まる表層に介在物が留まらないようにし、鋼片表面をきれいにする。

図3-13 連続鋳造機の形状比較

〈湾曲型〉
溶鋼の凝固に合わせて徐々に水平になる「湾曲型」。介在物が湾曲部に引っかかるという欠点があった。

〈垂直曲げ型〉
現在の主流。溶鋼が固まる前に介在物をより多く浮かせるために、最初の部分に「垂直部」を設けている。垂直部分2.4m

鋳型の湯面にまで戻り、流れていく鋼の表面に残りにくい。今日では、この**垂直曲げ型**（バーチカルベンディング）が主流だ（図3-13）。

湯面に浮上した介在物は、**連続鋳造パウダー**（溶融酸化物を主体とする）に取り込まれて除去される。パウダーは、介在物除去の他にも、溶鋼を大気から遮断して保温・酸化防止をすること、そして銅製の鋳型と溶鋼の潤滑剤としての役割も果たす。パウダーは、溶鋼に巻き込まれにくく、かつ潤滑性能が良くなるように新たな技術開発が進んでいる。

連続鋳造は、同じ断面サイズであれば鋼片を無限に量産できるという特長を持っていた。その後、鋳造しながら鋳型の幅を変更して、中断することなく断面サイズの異なった鋼片をつくる技術が開発されている。

"微小な介在物"への挑戦

しかし、これまで見てきたような鋳造技術だけでは取りきれない介在物がある。10～50μm*の微小で浮きにくい介在物だ。現在、品質要求が厳しい鋼板における介在物の許容範囲は、**超深絞り鋼板***で100μm以下、

要求される介在物の大きさ 表3-3

分類	用途	製品ニーズ	目標介在物レベル（上限）
薄鋼材	①DI缶	a. 製缶時の割れ防止	d＜40μm
	②超深絞り用鋼板	a. r＞2.0～3.0 b. 高張力化、極薄化	d＜100μm
	③リム材	a. フックラックの抑制	d＜100μm（アルミナ系）
	④ディスク材	a. 孔拡げ加工	d＜20μm（MnS系）
	⑤リードフレーム材	a. 打抜き加工時の割れ防止	d＜5μm
	⑥シャドーマスク材	a. エッチングむら解消 プレス加工時の割れ防止	d＜5μm
厚鋼材	ラインパイプ材	a. 耐HIC性の確保 b. 応力付加＋NACE条件のスペック化	介在物形態制御の高精度
棒鋼	軸受け鋼	a. 転動疲労寿命の向上	d＜15μm T[O]＜10ppm
線材	①タイヤコード	a. 高強度化 b. 伸線時の断線防止	d＜15μm T[O]＜10ppm
	②ばね鋼	a. 高強度化と疲労寿命の向上	

日本学術振興会 第19製鋼委員会 鋼中非金属介在物小委員会資料より

μm：マイクロメートル。1μmは0.001mm。
超深絞り鋼板：鋼板をコップ状に大きく凹ませる成形加工において、特に絞り率の高い伸びの良い鋼板。

スチールコード*で15μm以下となっている（前頁**表3-3**）。鋼中に残った微小な介在物への対策は、鋼材の品質向上に欠かせない。

まず100μm以上の介在物は、浮上させて除去したり、電磁攪拌を行い表層下に留まらないようにする。しかし、それよりも小さい10〜50μm程度の介在物は、鋳片内に残ってしまうことがある。それが固い介在物の場合は、割れの原因になるなど材質に影響を及ぼす。

そこで日本製鉄では、微小な介在物の性質を変えて、品質への影響を減少させる独自技術により、鋼材の品質を高めている。

例えば、介在物対策への要求が厳しく、高い清浄度が求められるスチールコードでは、脱酸する条件をコントロールして介在物の融点を下げ、加工性の良い酸化物に変えたり、スラグ成分の高度なコントロールによって介在物の性質を変化させる（**スラグ処理**）。このようにして、浮くことができない微小な介在物を制御して、伸線時に破断しない鋼材をつくり出している。

"割れ"への挑戦

連続鋳造の2つ目の課題は"割れ"への対

温度変化によって脆化する領域　図3-14

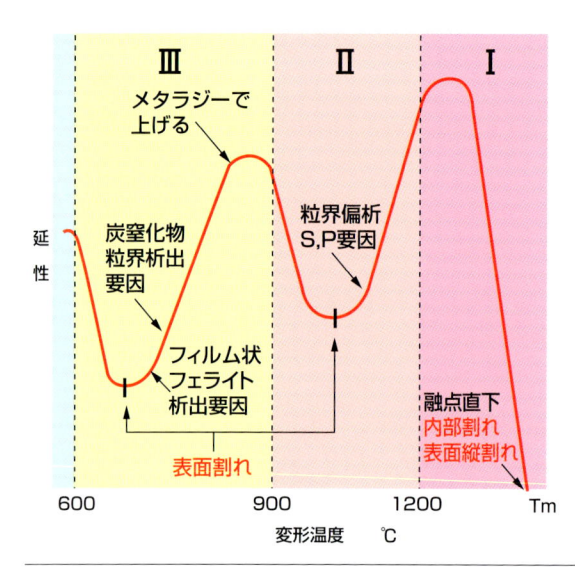

溶鋼は、温度低下に伴い徐々に凝固していく。その過程において特定の温度下でもろくなり、そこに力が加わると割れてしまうことがある。

縦軸：延性　横軸：変形温度 ℃

- Ⅲ：メタラジーで上げる
- 炭窒化物粒界析出要因
- フィルム状フェライト析出要因
- 表面割れ
- Ⅱ：粒界偏析 S,P要因
- Ⅰ：融点直下　内部割れ　表面縦割れ

600　900　1200　Tm

スチールコード：タイヤの補強材として使われる硬鋼線材で、高い強度が求められる。
引張応力：引張荷重がかかることによって内部に生ずる力。

第3章　鋼を生み出す

応だ。1970年代に連続鋳造の対象鋼種を拡大する上で、連続鋳造の最大の課題は"表面割れ"と"内部割れ"だった。

連続鋳造で、溶鋼は温度低下に伴って徐々に固まる。凝固の過程で、特定の温度下で、延びや曲げに弱いもろい性質になり（脆化）、そこに**引張応力***が加わると割れてしまうことがある（図3-14）。応力の発生源は、曲げ、矯正変形（鋳片が湾曲部から水平部に移る際の変形）、**バルジング変形***、熱応力などだ。

特に"表面割れ"は、1050℃前後（Ⅱ領域の脆化）と700℃前後（Ⅲ領域の脆化）の2つの温度域で起こりやすい。1050℃前後では、わずかに残った硫黄や燐が、鉄の結晶同士の境界（粒界）に偏析（特定の成分が部分的に偏る現象）して、低融点の硫化物や燐化物をフィルム状に形成することによって起こる。

700℃前後では、炭化物、窒化物がγ鉄（炭素濃度0％では912℃〜1394℃の鉄）の粒界に析出（固体から異種の固体が出てくる現象）し、粒界割れを引き起こすことで生じる。

さらに、γ鉄からα鉄（炭素濃度0％では910℃以下の鉄）に変わるとき（変態）、γ鉄の粒界に沿ってα鉄がフィルム状に析出し、α鉄はγ鉄に比べて弱いため、そこにひずみが集中して破断しやすくなる。特に、上記の炭窒化物の粒界析出が重なると割れが激しい。

"表面割れ"への対策には、**冶金的対策**と**設備的対策**がある。冶金的対策では、Ⅱ領域の脆化に対して、マンガン／硫黄の比を一定以上にしたり、燐濃度を徹底的に下げたり、冷却条件を選んで燐の化合物の形状をフィルム状から粒状へと変化させる。

Ⅲ領域の脆化に対しては、炭窒化物の析出量をコントロールしたり、α-γ変態を繰り返すことで炭窒化物が粒内に位置するようにする（炭窒化物が粒界に位置すると脆化するため）など、温度や成分を制御する方法がとられる。この方法によって延びに強い鋼本来の特性を回復させる。それでも性質が戻らない場合には、鋼の温度を特性が低下しない温度（約900℃）で維持して、鋳片が矯正変形域を通過するようにする。

設備的対策としては、矯正変形域の鋳片を上・下流から圧縮し、矯正したときに割れの原因となる上部の**凝固殻***（上面凝固殻）への引張力を軽減している。下面凝固殻にかかる圧縮力は大きくなるが、割れの要因にはならないため、下流にはブレーキをかけ、上流からは鋳片を押し込むといった鋳

バルジング変形：溶鋼の静圧でロール間の鋳片が膨れるようにたわむ現象。それによってロール直下の凝固殻の内側（溶鋼側）に大きな引張力が生まれる。
凝固殻：中央部の未だ固まっていない溶鋼を取り囲む外側のすでに固まった部分。

造法が採用されている（**圧縮鋳造**）。

一方、融点直下（1400〜1500℃）の脆化（Ⅰ領域の脆化）は、"内部割れ"や"表面縦割れ"の要因となる。その脆化の原因は、固まりつつある鋼が、強度のない**樹枝状晶***間の液膜部分で引き裂かれることによる。不純物が多く、固まり始める温度（液相線温度）と完全に固まる温度（固相線温度）との温度差が大きいほど脆化しやすい（**図3-15**）。

"内部割れ"を防ぐには、冶金的側面からは不純物を低減すると同時に、設備面ではロール数を増やしてピッチを短くし、溶鋼の"バルジング変形"を小さくする。また、上述の矯正変形時の圧縮鋳造も効果的だ。

さらに、凝固直後のδ鉄（炭素濃度0％では1394℃以上の固体鉄）からγ鉄への変態で鋼の体積が収縮し、それが原因となって"弱い部分"が鋳型から浮いて引っ張られて、"表面縦割れ"を起こすことがある。それを防ぐには、鋳型での冷却速度の制御はもちろん、一連のメカニズムの出発点となる"弱い部分"をつくらないために、凝固速度を左右する鋳型と鋼の間にある潤滑・保温用のパウダーを、均一に流し込むことが重要だ。

"表面割れ"や"内部割れ"は、"弱い部分にひずみが集中して割れる"現象だ。こうした課題に対して、優れた鋼の性質を最大限

溶鋼の「固液界面」の模式図　図3-15

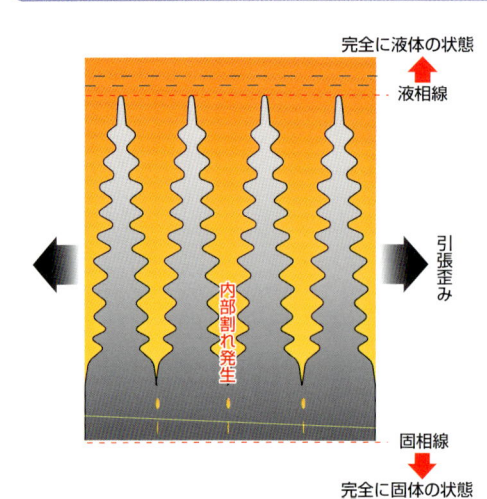

融点直下の脆化は「内部割れ」や「表面縦割れ」の要因となる。脆化の原因は、固まりつつある鋼が強度のない「液膜部分」で引き裂かれることによる。不純物が多く、固まり始まる温度と完全に固まる温度の温度差が大きいほど脆化しやすい。

樹枝状晶：枝をつけた樹木のような形状で凝固した結晶。これに対して、突起を持たない丸い形状の結晶を粒状晶と呼ぶ。

に引き出す成分コントロールと、設備開発の両輪で連続鋳造時の"割れ"を克服してきた。

"中心偏析"への挑戦

もう１つの課題は偏析、特に"中心偏析"だ。鋼が固まる時に、硫黄や燐などの不純物は固体には液体ほど溶け込まないため、硫黄は１：30、燐では１：8の割合で分配される、というメカニズムによるものだ。そのため、最後に固まる液体中の不純物が最も濃くなる（ミクロ偏析）。

"中心偏析"は、1つには固まった部分の体積が収縮する（凝固収縮）ことによって生じた隙間に吸い込まれるように、不純物の濃い液体が移動して生じる。温度が下がりにくく最後に固まる中心部には、こうして移動してきた不純物が集積される。この"中心偏析"は、鋼材のもろさの原因となる。

"中心偏析"を防ぐには、凝固収縮や熱収縮によって生まれた隙間に、液体が移動しないようにしなくてはならない。その方法が**軽圧下**＊（**ソフトリダクション**）だ。

溶鋼が固まる体積収縮分を、少しだけ圧下をかけてつぶし、液体が移動する隙間をなくす。圧下力を強めることによってロールが曲がらないように、強度の高いロールを使用するとともに本数を増やし、徐々に収縮していく鋼の体積変化に追従させる。

こうした対策によって、鋼中に残った溶鋼部分の動きを止めて"中心偏析"を防ぎ、静かに固まらせることができる。凝固完了点近傍のバルジング変形によっても、不純物の濃い液体が移動して"中心偏析"が生じる。そのため、ロール間隔を短くしてバルジング変形も小さくしている。

また、鋼が固まるときの偏析によって介在物の成分も変わる。それが顕著なのが中心偏析部の硫化物だ。凝固の過程で偏析した硫黄により、化学反応に変化が生じて化合物の成分が変わり、意図しない硫化物が出てきてしまうことがある。たとえ溶鋼全体の成分をうまく制御しても、"中心偏析"が著しいとこうした現象が起きてしまう。この現象は偏析部分が大きいほど起こりやすい。

"中心偏析"への対応も含めた鋼中の成分設計は、優れた鋼をつくる精錬や連続鋳造の技術的ポイントとなる。

圧下：圧延や鋳造時にロールで鋼片に圧力をかけて厚みを薄くすること。

4 製鋼技術の新たな可能性

🔵 高度な解析技術を駆使

　鋼の大敵である"介在物"を除去したり、"割れ"や"中心偏析"を防ぐには、溶鋼や介在物の輸送現象や成分のコントロールが必要であり、そのためには、起きている現象を把握し、分析し、予測することが重要だ。それらを支える技術が**解析技術**だ。

　製鋼研究を支える計算科学には、まず物質間の熱力学的平衡関係を計算する**計算熱力学**がある。さらに、気体や液体の流れをシミュレーションする**計算流体力学**も重要だ。介在物の動きや転炉内の撹拌状況を予測する上で欠かせない。

　例えば、鋳型で活用されている「電磁ブレーキ(Level Magnetic Field, LMF)」「鋳型内電磁撹拌(In-mold electromagnetic stirrer、EMS)」は**電磁流動解析**によって誕生した。

　またMURC法に代表される精錬反応は、「計算流体力学」による熱や成分元素の移動(物質輸送)と、反応界面では「計算熱力学」による多成分系での化学平衡(多元平衡)の解析とを組み合わせて予測する。本章3(79頁)で述べたスチールコード中の介在物組成や中心偏析部での硫化物の組成も、「計算熱力学」による**多元平衡計算**＊と**凝固偏析モデル**＊を組み合わせた解析で予測される。さらには溶鋼の成分コントロールでは、スラグを分子構造から分析するなど、原子レベルの解析や**電子構造計算**＊も行っている(図3-16)。

　一方、取鍋と鋳造機の橋渡しの役割を担うタンディッシュにも、独自の解析技術が活かされている。その一例が**プラズマ加熱**＊だ。

　タンディッシュ内で溶鋼の温度が下がると、固体の析出物が増えたり、ノズル詰まりが起こる。そこで、特に温度が下がりやすい継ぎ目付近(溶鋼が少なくなった部分)の温度低下を防ぐため、局部的にプラズマ加熱して温度を維持する。鋳造中継続して加熱すると、エネルギーの消費量や耐火物の消耗が大きくなるため、継ぎ目の低温部分だけをピンポイントで加熱する。この温度変化のシミュレーションでも計算科学に基づく解析技術は欠かせない。

多元平衡計算：多くの元素を含む系(物質)のある圧力、温度の下での熱力学的平衡状態を計算する方法。すなわち、どんな相が、どんな組成でどんな割合で存在するかが計算される。

凝固偏析モデル：凝固するときに、溶鋼から最初に析出する部分と後から固まる部分では組成が異なる。その成分の偏りを予測・解析する計算手法。

電子構造計算：原子を構成する粒子の1つで、原子核の周囲を取り囲んでいる電子のエネルギー構造を解析する計算手法。電子の空間分布、エネルギー分布が計算される。

プラズマ加熱：アルゴン、酸素、空気、窒素などの高温化した気体(プラズマ)を作用ガスとして高密度の熱を発生させ加熱する方法。

第3章　鋼を生み出す

　1980年代中頃、共通基礎基盤技術と化学冶金・凝固現象をマトリックスに、長期的ビジョンに立って取り組まれてきた計算科学に基づく解析技術には、2003年に、状態図や熱力学データベースに関する国際協力機構「APDIC（アロイ・フェーズ・ダイアグラム・インターナショナル・コミッション）」（加盟国：約20カ国）から、状態図、熱力学データベースの産業応用活動の実績を表彰するインダストリアル・アウォードが授与された。

鉄鋼技術と物理の関係　図3-16

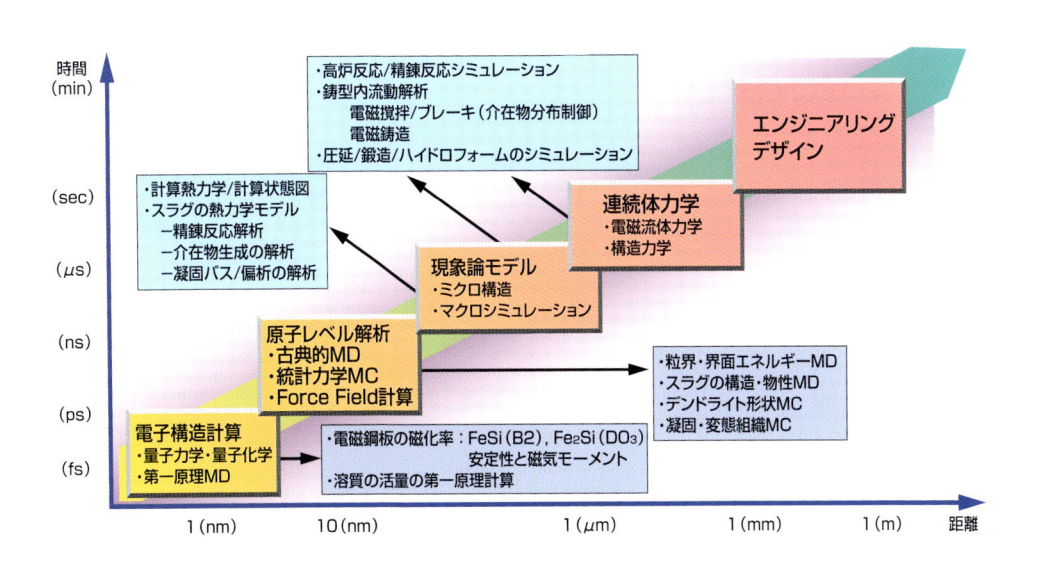

時間	距離：1 (nm)	10 (nm)	1 (μm)	1 (mm)	1 (m)
(min)			・高炉反応/精錬反応シミュレーション ・鋳型内流動解析　電磁撹拌/ブレーキ（介在物分布制御）　電磁鋳造 ・圧延/鍛造/ハイドロフォームのシミュレーション		エンジニアリングデザイン	
(sec)		・計算熱力学/計算状態図 ・スラグの熱力学モデル 　－精錬反応解析 　－介在物生成の解析 　－凝固パス/偏析の解析		連続体力学 ・電磁流体力学 ・構造力学	
(μs)			現象論モデル ・ミクロ構造 ・マクロシミュレーション		
(ns)		原子レベル解析 ・古典的MD ・統計力学MC ・Force Field計算		・粒界・界面エネルギーMD ・スラグの構造・物性MD ・デンドライト形状MC ・凝固・変態組織MC	
(ps)					
(fs)	電子構造計算 ・量子力学・量子化学 ・第一原理MD	・電磁鋼板の磁化率：FeSi(B2), Fe$_2$Si(DO$_3$)　安定性と磁気モーメント ・溶質の活量の第一原理計算			

　広範囲におよぶ鉄鋼製造技術には、物理学つまり科学の世界の裏づけがある。例えば、起きている現象を正確に把握・分析し、予測する高度な「解析技術」。物質間の熱力学的平衡関係を計算する「計算熱力学」。気体や液体の流れをシミュレーションする「計算流体力学」。そうした「計算科学」を組み合わせた解析技術が、優れた鉄づくりを支えている。

夢の技術〜電磁鋳造(EMC)

国家プロジェクトとして未来の鋳造技術**電磁鋳造**(EMC：エレクトロ・マグネティック・キャスティング)の研究が進められた。

EMCの原理は次のようなものだ。まず連続鋳造の鋳型の外側にコイルを巻き電流(電流の向きが一方向ではない交流)を流す(一次電流)。そうすると最初の電流が**磁場**をつくり、次にその磁場を消すために、鋳造物の中には電流が逆向きに流れて(二次電流)、磁場との間で**電磁力***が生まれる。その電磁力は内側に向かい、鋳造物を少し締めつけるようなピンチ力として働く(**図3-17**)。

鋳型と、凝固しつつある鋳造物の間には、保温・潤滑機能を持つ連鋳パウダーが介在する。ピンチ力によって鋳造物の表面が中心部に引っ張られ、鋳型と鋳造物の間が広がり、パウダーの流入経路が確保される。そうするとパウダーの厚みが厚くなり、保

電磁鋳造(EMC)の原理 　　　　　　　　　　　　　　　　図3-17

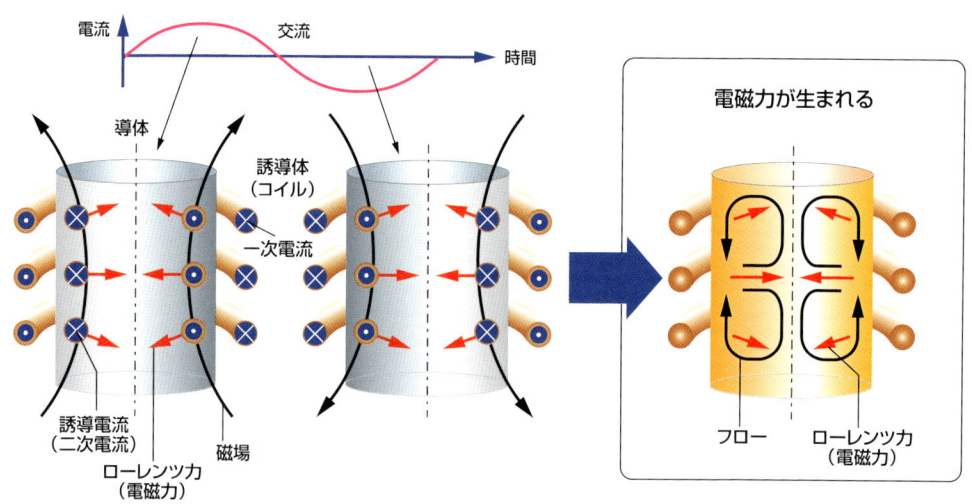

①連続鋳造の鋳型の外側にコイルを巻き電流を流す(一次電流)。
②電流が磁場をつくり、次にその磁場を消すために、鋳造物の中に電流が逆向きに流れ(二次電流)、「電磁力」が生まれる。
③電磁力は内側に向かい、鋳造物を締めつけるような「ピンチ力」として働く。

電磁力：電流と磁界(磁石)の相互作用で生じる力。磁界中に電流を流すと物を動かす力が生まれる。

温効果が高まることによって冷却速度が遅くなる(**緩冷却**)。

従来、極低炭素鋼など高純度で融点が高い鋼材の鋳造では、温度が下がりやすい溶鋼表面が早く固まり、メニスカス(連鋳パウダーと溶鋼の界面)まで凝固殻を形成する。そのため、溶鋼のオーバーフローや鋳型オシレーション(鋳型振動)の圧力変化などで生じるくぼみ(オシレーションマーク)に、介在物や気泡がとらわれ表面欠陥の原因になっていた(**図3-18左**)。

電磁鋳造では、緩やかに冷却することにより凝固速度が遅くなり、メニスカスでは凝固は始まらず、鋳型のより深いところから固まり始める。そのため凝固殻への溶鋼のオーバーフローもなく、かつ鋳造物と鋳型の隙間が広がることによって、オシレーションによる圧力変動も小さいのでオシレーションマークが生じない。また、**溶鋼静圧**[*]が十分働くため凝固殻が浮き上がらず、縦割れなどの欠陥も生じない(**図3-18右**)。

電磁鋳造(EMC)の効果 　　　　　　　　　　　　　　　　　　　　　　　**図3-18**

EMCなし
- オシレーション
- パウダー
- メニスカス(界面)
- フック
- オシレーションマーク
- 介在物と気泡
- 凝固殻
- 鋳型
- オシレーションマークあり

EMCあり
- パウダー
- メニスカス(界面)
- 電流
- 電磁力
- 磁場
- コイル
- 凝固殻
- 鋳型
- 厚みが厚く冷却が遅い
- オシレーションマークなし、もしくは軽微

従来、極低炭素鋼など高純度で融点が高い鋼材の鋳造では、温度が下がりやすい溶鋼表面が早く固まり、表面欠陥の原因になっていた。

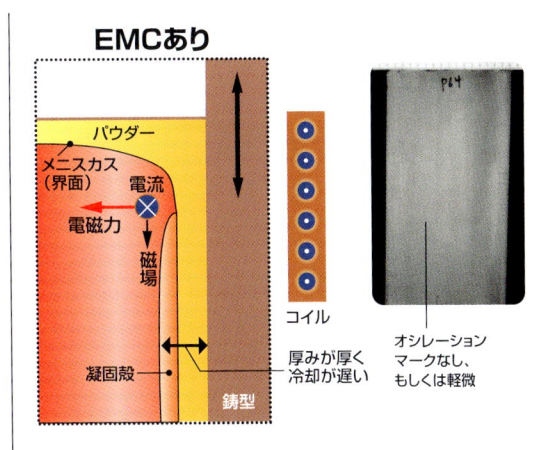

EMCでは、緩やかに冷却することで凝固速度が遅くなり、鋳型のより深いところから固まり始めるため、表面欠陥や縦割れ欠陥が生じにくい。

溶鋼静圧:溶鋼の自重により生ずる溶鋼内部の圧力。水の自重により生ずる水内部の圧力である水圧に対応する。

技術開発のポイントは、巨大なコイルで均一な電磁力を生み出すことにある。小断面であれば比較的容易だが、スラブ（半製品）のような大きな鋼片に、均一な電磁力をかけるのは至難の技だ。

単純に巻くだけでは不均一になるため、必要な磁場を必要な箇所にかけるコイルデザインが重要になる。高度な電磁場解析と流動解析によって初めて可能になる夢の技術だ。（なお、本研究はJRCMが経済産業省の補助金を受けて実施した「エネルギー使用合理化金属製造プロセス開発『電磁気力プロジェクト』」の成果である。）

溶鋼から製品をつくり込む

今後、製鋼技術が目指すものは何か。その1つに、現在介在物の影響を取り除くために使っている脱酸技術を、鋼材の品質向上に活かしていくことがあげられる。

精錬と連続鋳造の役割は、鋼の成分を整えて、介在物の悪影響をなくしておくことにあった。つまり連続鋳造後の**均熱処理**（鋼全体の温度を均一にし、鋼中の成分を一様化するプロセス）で溶けるものは制御し、そこで溶けない介在物の影響を事前に取り除くことにあった。

材質のつくり込みは、この均熱処理から始まった。成分が一定に鋼中に溶け込むように約1250℃で均熱処理(**溶体化熱処理***)し、その後、温度をコントロールしながら変形を加え、析出や組織を制御する**加工熱処理***を行い、鋼の性質をつくり込んでいく。

しかし、溶体化熱処理の段階では、すでに連続鋳造時に固まった酸化物により、鋼材としての"素性"が決まっている。将来的には、精錬での溶鋼の脱酸によって生まれる生成物を考慮しながら、材質をつくり込んでいくことが1つの方向性として考えられる。すでに材質のつくり込みでは、酸化物を利用した**オキサイドメタラジー**が提案されている。

例えば、溶鋼の状態で生成する酸化物（析出物）の量と大きさおよび組成を変えることで、粘りと強さを持った厚板製品など、材質のつくり分けが可能だ。また、加工性に優れた薄板製品の材質創造も可能になるなど、生み出される鋼材のバリエーションはさらに広がる。加工熱処理プロセス以降、徐々に狙った材質をつくり込んでいくので

溶体化熱処理：鋼を適当な温度に加熱し一定成分が均一に溶け込むようにする。
加工熱処理：焼き入れ冷却の途中で鋼に外力を加え、結晶粒の状態を変えて熱処理を促進する方法。

はなく、溶けた鋼の状態から最終製品を見通すことが重要だ。

その際にも高度な解析技術としての分析技術は不可欠だ。例えば、**極低炭素鋼（IF鋼）**では炭素および窒素をチタン化合物にして固定するが、**固溶チタン**＊と**酸化チタン**＊では機能が異なる。酸化チタンでは炭素や窒素を固定できないため、例えチタンの全体量を制御していても、目的とする材質は得られない。現在では**カントバック法（アーク放電を利用した解析技術）**を進展させ、固溶チタンと酸化チタンを分離して分析し、不足するチタンを添加することも可能になっている。

また、酸化物と窒化物、炭化物の関係など非常に細かい化学分析を、解像度の高い**電子顕微鏡技術：EELS（エレクトロン・エネルギーロス・スペクトロスコピー）**で行っている。EELSは、元素によって異なる**入射エレクトロン**＊のエネルギー変化をとらえ、特定の元素に対応したエネルギーのところだけをフィルターに通して実像化する解析技術だ。

今後も予測の範囲を超えて、真実に迫る解析技術が着実に進化し、製鋼技術の可能性をさらに広げていくだろう。

環境対応と高付加価値化がテーマ

精錬工程で、今後、特に重要となるテーマは「環境対応」で、二酸化炭素やスラグの排出量の削減が求められる。二酸化炭素の削減では、炭素量がもともと少ないスクラップの利用技術が有望だが、例えばスクラップ中に含まれているトランプエレメント（Cu、Snなどの不要な成分元素）の無害化を達成するなどの新技術の確立も必要だ。

一方、スラグ量の削減については、効率的に脱燐でき、酸化カルシウムの原単位を下げる新たなスラグ開発と、排出されるスラグの高付加価値化が重要だ。

また、連続鋳造では鋳造速度の高速化とともに、割れや介在物性欠陥のない鋳片をつくり、凝固時の脱酸生成物や硫化物を制御して、品質のつくり込みに貢献することが重要なテーマだ。その大きなターゲットは、エコ・プロダクツなどの高付加価値鋼材であり、それには3つの方向性がある。

1つ目は鉛などの環境規制をクリアする材料。2つ目は高強度化による軽量化、耐

固溶チタン：鋼の中に溶け込んでいるチタン。

酸化チタン：鋼の中で酸化物として析出しているチタン。

入射エレクトロン：試料（分析対象）に当てたエレクトロン。試料に入っていったエレクトロン。

食性向上による長寿命化などによって、より少ない材料でありながら同じ機能を果たせる鋼材。

そして3つ目は、社会で使われて省エネルギーに貢献する材料だ。自動車の軽量化を実現することにより、燃費を良くする**高張力鋼**＊、トランスやモーターのエネルギー損失を下げる高性能電磁鋼板、高い動作温度を実現して熱機関の効率を上げる耐熱鋼など、いわゆるエコ製品開発に貢献する鋼材だ（**図3-19**）。

省エネルギーに寄与する鋼材の機能 　図3-19

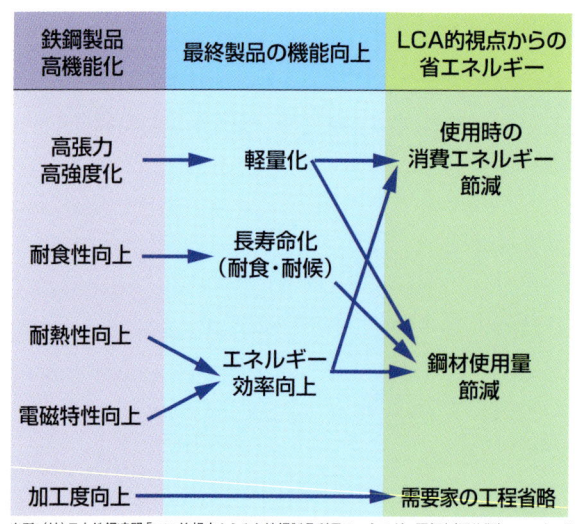

省エネルギー、省資源、有害物質フリーなど、製品の製造から廃棄にいたる全工程（＝ライフサイクル）における環境負荷低減が進められている。

鉄鋼製品高機能化	最終製品の機能向上	LCA的視点からの省エネルギー
高張力高強度化	軽量化	使用時の消費エネルギー節減
耐食性向上	長寿命化（耐食・耐候）	
耐熱性向上	エネルギー効率向上	鋼材使用量節減
電磁特性向上		
加工度向上		需要家の工程省略

出所：(社)日本鉄鋼連盟「LCA的視点からみた鉄鋼製品利用のエネルギー評価」（要約版）、1997年3月

高張力鋼：化学成分調整や熱処理、結晶粒の微細化により、普通鋼に比べ引張強さを持たせた高強度鋼材。

鋼の魅力はシンプルさと奥深さ

　鋼の可能性は無限です。特別な合金を加えない鉄の温度制御だけで、多様な材質を変幻自在に生み出すことができます。例えば、溶鋼から直接薄板鋳片をつくる**ストリップキャスティング**の強みは、溶鋼からの急激な冷却で、細かい組織ができ飛躍的に表面がきれいになることです。

　現在、国家プロジェクトとして「**スーパーメタル***」「**新世紀構造用材料***」の開発が進められています。その開発は、特別な合金を使わず単純な成分で寿命と強度を倍にすることを目的としています。単純な成分であればリサイクルも容易です。

　現在は強加工と急冷却によって鋼材の組織を超微細粒化して強度向上を図る、どちらかというとプロセス・ハードに負担をかける技術の研究開発が行われていますが、今後、例えば酸化物の活用など、ソフト技術だけで細粒化が実現できれば革新的です。

　鋼の魅力は、そのシンプルさと奥深さにあります。鋼材の性質を大きく左右するバリエーションの多いベースとなる鋼の母相(析出物以外のもの)、および炭化物、酸化物、硫化物などの量、サイズ、分布が、各温度でどのように変化するかを、平衡計算などにより理論的に予測する手立てはあります。しかし、実際の現象は非平衡的に進み、その定量的な把握は非常に難しいものです。大学の研究では細かい鉄炭化物(セメンタイト)を利用するだけで、飛躍的に延びが大きく曲げやすい鋼材も開発されています。

　微妙な温度変化などで鋼の母相は変わり、多様な析出物が生まれて性質が変わります。まさに柔軟な発想と的確な判断を必要としますが、逆に言えば、成分は一定であっても温度履歴、加工履歴で材料組織としての豊富なバリエーションを生み出すことができるのです。そのうえに成分系、さらには脱酸条件を変えれば、バリエーションはその掛け算になります。

　これほどのバリエーションは、他の素材が及ばない性質です。今後も、鋼の無限の可能性を探求し続けていきたいと思っています。

松宮 徹(まつみや　とおる)
Sc.D.
元 新日本製鉄㈱フェロー

スーパーメタル：結晶粒を微細化することにより、強さを従来の普通鋼の2倍以上に高めた夢の鉄鋼材料。併行してアルミ冶金の開発も行っている。

新世紀構造用材料：強度についてはスーパーメタルと同じ。併せて、耐食性の飛躍的向上を目指している。

4

形をつくり込む

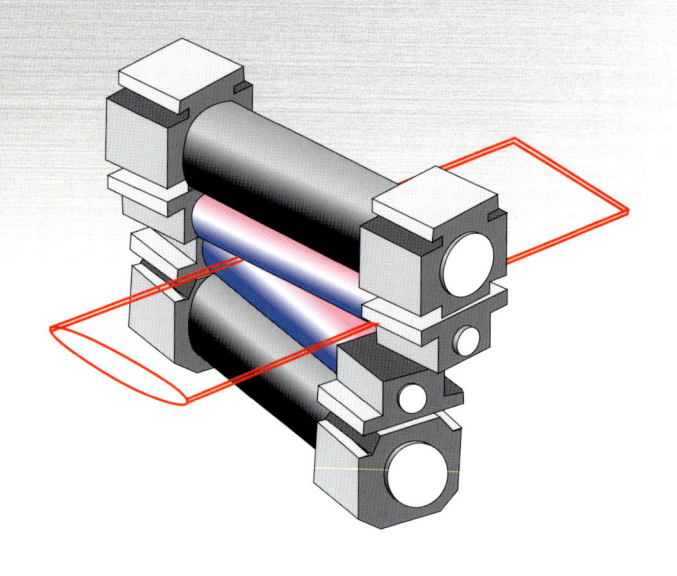

まっすぐな針金を少し曲げて手を離すと、針金は元の直線に戻る。この性質を「弾性」と言う。しかし、さらに曲げ続けると手を離しても針金は曲がったままの状態になり、元の形には戻らない。この性質を「塑性」と呼び、鉄の加工はこれらの性質をコントロールしながら利用して行われている。鉄の「塑性加工」の中で最初のハードルが「熱間圧延」だ。"硬い鉄を薄く延ばす"。一見単純に思われるその技術の陰には、力学的な諸現象を解析し課題を克服する"形をつくり込む"挑戦がある。本章では、高い寸法・形状精度を実現するためのメカニズムとそれを支える最先端の技術を紹介する。

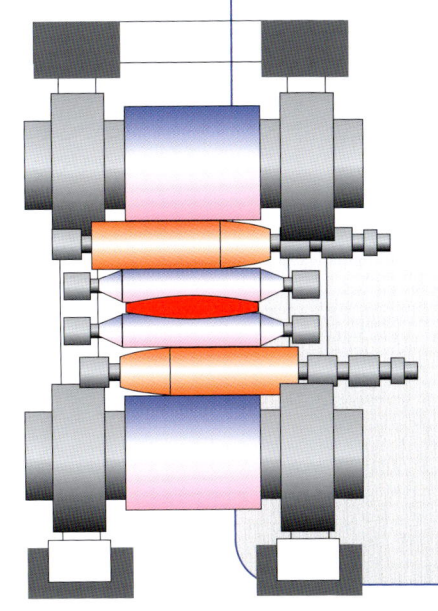

1 硬い鉄を延ばすための技術

🔹 高速圧延、荷重2000トンの世界

　鉄の加工は大きく2つの段階に分かれる。1つは製鉄所で鉄鋼製品をつくるときに行われる加工。その種類には、目的の形に鋳込む**鋳造**や、刀のように鋼塊を叩いて形をつくる**鍛造**、熱した鋼片をダイスに通す**押出し**などがある。そして板やレール、パイプなど一般的に馴染みの深いものはほとんど**圧延**によってつくられている。

　さらに、そのようにしてつくられた製品は、二次加工メーカーやユーザーに納められ、成形やプレス加工などで自動車部品等の最終製品に加工される。

　「圧延」には2種類ある。薄板製品を例にとると、加熱された約250mm厚のスラブと呼ばれる鋼片をロールで上下に挟んで押し延ばし、最終的に最小1.2mmまで薄くする**熱間圧延**と、その圧延された鋼板を常温で、飲料缶材料などのようにさらに薄く(1mm未満)する**冷間圧延**だ。

　ここでは、鉄の**塑性加工***の基本とも言える"熱間圧延"にスポットを当て、主に薄板製品の圧延を例に、そのメカニズムに迫る。

　現在における薄板熱間圧延の代表的な設備は**HSM**(ホットストリップミル)。複数スタンドの粗圧延機群と6〜7スタンドからなる仕上げ圧延機群を一直線に並べた設備だ。1000℃以上に加熱したスラブを圧延し、

ホットストリップミル(連続熱延設備)　　　　　　　　　　　　　　　図 4-1

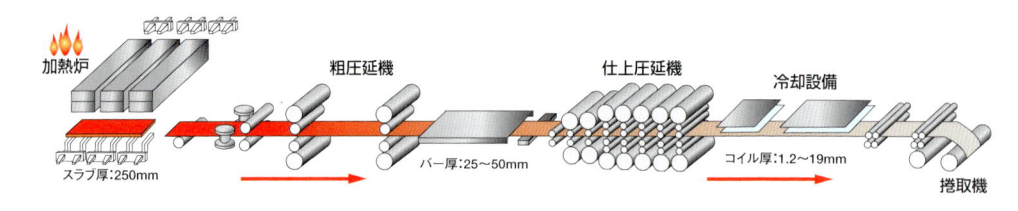

加熱炉　　　　　　　　粗圧延機　　　　　　仕上圧延機　　冷却設備

スラブ厚:250mm　　　　バー厚:25〜50mm　　コイル厚:1.2〜19mm　　巻取機

　1000℃以上に加熱したスラブを一直線に並んだ複数の圧延機で連続的に圧延し、最終的に1.2〜19mm程度まで薄くしてコイル状に巻き取る。最終スタンドでは時速100km近い速度で鋼板が走る。

塑性:弾性の逆の性質。外力によって生じた変形が、外力を取り去っても残っているとき、塑性をもつという。力を除去しても消えない変形を「塑性変形」という。

塑性加工:外力が加わり変形後、その外力がなくなってもそのままの形を維持する性質(塑性)を利用した加工。

最終的には全長数km、厚さ1.2〜19mm程度まで薄くして、走行中に冷却し終点で巨大なトイレットペーパーのようなコイルにして巻き取る。一連の圧延機の最終スタンドにおいて鋼板は時速100km近い速度で走っていく（図4-1）。

この工程には、さまざまな技術とノウハウが集積されている。

例えば、固形物をロールで延ばすという意味では、練ったうどん粉を麺棒で薄く平らに延ばす原理と似ている。しかし、その決定的な違いは"硬さ"だ。うどん粉は軟らかいため、木製の麺棒などある程度硬い素材を使えば、小さい荷重でもうどんをスッと薄く平らに延ばすことができる。

一方、鉄を圧延する場合は、圧延している部分のロールに幅1mm当たり2トン近くの荷重がかかる。たとえ加熱炉で1200℃に熱せられた鉄でも、やはり硬い。板幅が仮に1mだとすると、約2000トンという想像を絶するような荷重が生じる。

それによってロールが変形（**弾性変形***）してしまい、予期せぬさまざまな現象が起こる。原理的には、うどん粉と麺棒のように圧倒的な硬さの差があればロールは曲がったりへこんだりしないが、鉄よりもはるかに硬いロール素材は現実には存在しない（図4-2）。

その中で、新たな圧延方法を考案し、ロールの変形形状を見極め、製品の板厚や板幅、

| 鉄とうどん粉の違い | 図4-2 |

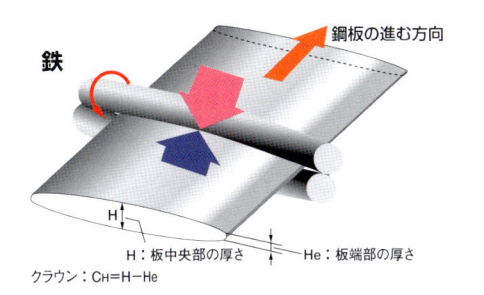

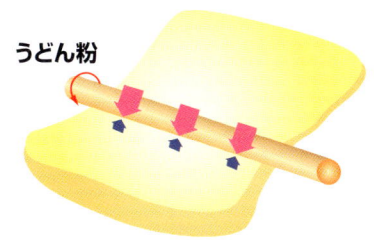

鉄の圧延は、うどん粉を麺棒で薄く平らに延ばす原理と似ている。しかしその決定的な違いは「硬さ」。鉄の場合、圧延ロールに幅1mmあたり2トン近くの荷重がかかる。

弾性：応力がある限界を超えない間は、応力が消失すればひずみも消失し、元の状態に戻る性質。弾性限界内の力による変形（元に戻る変形）を「弾性変形」という。

弾性変形：塑性とは逆に、変形した後、外力を取り除くと変形が完全に消えて元の形に戻る変形。バネなどの変形がそれにあたる。

精度の高い断面形状を追求することが大きなテーマとなった。

クラウンの発生メカニズムを、圧延機の基本形式として多く適用されている**4重圧延機**で見てみよう(図4-4)。

この圧延機は、実際に圧延する上下のワークロールと、それぞれを支えるバックアップロールの計4本で構成されている。板を薄くするために圧下を大きくすると大きな荷重が発生し、4本のロールは弾性変形して曲がる。その変形したロール形状によって、鋼板も幅方向で中央部が厚く端部が薄くなる。

この4重圧延機のクラウン値は紙幣の厚さにも満たない50μm以下の微小なものだ。しかし鋼板に高精度のクラウン値が要求さ

旧新日鉄における薄板圧延技術の変遷　図4-3

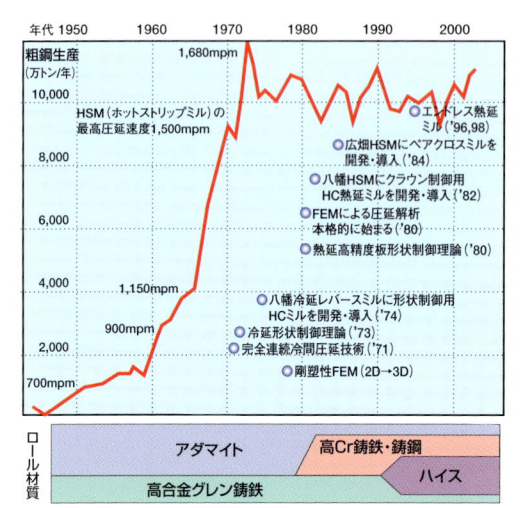

- HSM(ホットストリップミル)の最高圧延速度1,500mpm
- 1,680mpm
- エンドレス熱延ミル('96,98)
- 広畑HSMにペアクロスミルを開発・導入('84)
- 八幡HSMにクラウン制御用HC熱延ミルを開発・導入('82)
- FEMによる圧延解析本格的に始まる('80)
- 熱延高精度板形状制御理論('80)
- 1,150mpm
- 八幡冷延レバースミルに形状制御用HCミルを開発・導入('74)
- 冷延形状制御理論('73)
- 900mpm
- 完全連続冷間圧延技術('71)
- 700mpm
- 剛塑性FEM(2D→3D)

ロール材質: アダマイト / 高Cr鋳鉄・鋳鋼 / ハイス / 高合金グレン鋳鉄

平坦度の精度を高めてきたのが熱間圧延技術の挑戦史だ(図4-3)。

🔵 50μm以下の形状精度

"硬い鉄を薄く延ばす"挑戦史の中で大きく立ちはだかったのが**クラウン**(**板幅方向板厚差**)と呼ばれる現象だ。

圧延時にロールが大きな荷重によって変形することで、圧延された鋼板は、板端部に比べ中央部が厚くなる。その厚みの差が「クラウン」だ。特に鋼板の「クラウン」をいかに小さくして幅方向の板厚差をなくすかが、ブレイクスルーすべき技術的課題だった。材質をつくり込みながら、クラウンを減少させ

クラウンの発生メカニズム　図4-4

4重圧延機(ワークロールとバックアップロールで構成)は、押さえつける力を大きくすると大きな荷重が発生し、ワークロールが変形する。変形したワークロールで圧延された鋼板は、中央部が厚く端部が薄くなる。これがクラウンだ。

れる熱延鋼板は冷間圧延で薄くして使用される。例えば電磁鋼板は、モーターやトランスの鉄芯用に積層して使われるが、クラウン値が大きいと重ねた鋼板の間に隙間ができ、効率が落ちる。

　1960年代後半までは、薄くなった最端部（エッジ）を切り落として板厚の差を少なくしていたが、歩留が悪いことから、"クラウン"を減少する新たな圧延機の開発が望まれるようになった。

🔵 課題を克服する画期的圧延方式

　"クラウン"との戦いは、まず圧延機の改良から始まった。

　そして1974年、4重圧延機のバックアップロールとワークロールの間に、それぞれ中間ロールを入れた**6重圧延機（HCミル）**が登場（旧新日鉄と日立製作所が共同開発）した。中間ロールが板幅に応じて幅方向で動き、端部におけるバックアップロールとワークロールの直接的な接触を防ぐことで、ワークロールの変形をコントロールする画期的なミルだ（**図4-5**）。中間ロールを板幅に応じて幅方向にシフトさせることによってワークロールが撓まず強い圧下力でもクラウン値の小さい鋼板が得られるようになった。

　もう1つの新技術が、1984年に開発・導入した**ペアクロスミル**だ（旧新日鉄と三菱重工業が共同開発、**図4-6**）。このミルは、上下それぞれのバックアップロールとワークロールを

ワークロールの変形をコントロールするHCミル（6重圧延機）　図4-5

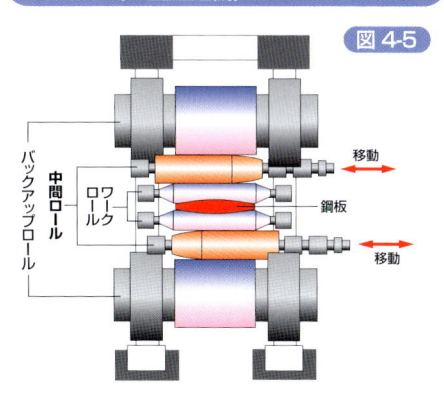

「バックアップロール」と「ワークロール」の間に「中間ロール」を入れ、ワークロールの変形をコントロールする画期的な方式。これで鋼板の端部が著しく薄くなってしまうことはなくなった。

中央部の圧下を強くできるペアクロスミル　図4-6

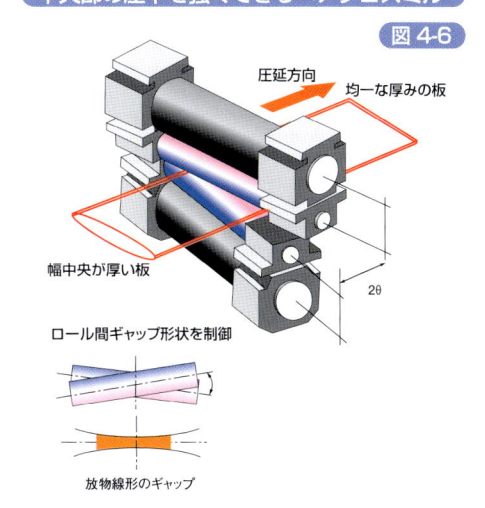

上下のワークロールとバックアップロールをクロスさせることで、幅中央部の圧下力を強くすることが可能。これでクラウンが大きい板でも、クラウン値の小さい鋼板に圧延することができる。

ペアーで約1度前後クロスさせることによって、幅方向の上下ロール間隙を変え、クラウン値の小さい鋼板を得ることができる圧延機だ。

🔵 断面形状が長方形の鋼板を

こうしてクラウンをうまく制御できる圧延機が完成した。しかし、それを使いこなすことは容易ではなかった。

鋼板を圧延するとき、圧下され薄くなった部分は基本的には長手方向（鋼板が進む方向）に伸びていく。そのため圧延された鋼板は圧延前よりも長くなるが、例えば、圧延機で、板幅中央の圧下力を高めてクラウンを小さくしようとすると、鋼板は圧下力の強い中央部が余分に長手方向に伸びてしまい、中央部が波を打ってしまう（中伸び）（**図4-7左**）。

図 4-7 クラウン比率変化と形状の関係

クラウン：$C_H = H - H_e$

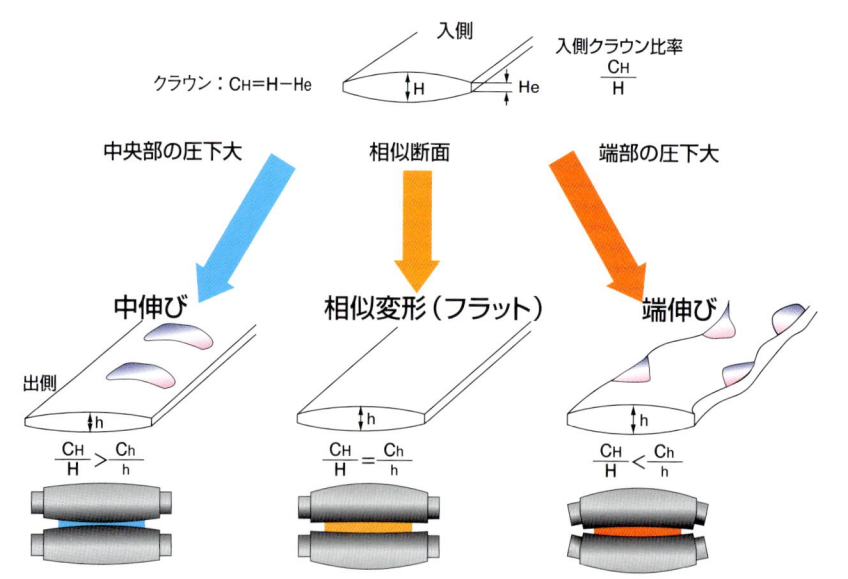

入側クラウン比率 $\dfrac{C_H}{H}$

中央部の圧下大	相似断面	端部の圧下大
中伸び	相似変形（フラット）	端伸び
$\dfrac{C_H}{H} > \dfrac{C_h}{h}$	$\dfrac{C_H}{H} = \dfrac{C_h}{h}$	$\dfrac{C_H}{H} < \dfrac{C_h}{h}$

中央部の圧下力を強くすると中央部が波を打つ「中伸び」、ハイテン材料などの硬い材料を圧延するときには「端伸び」が起きる。

ハイテン：高張力鋼、3章90頁参照

第4章　形をつくり込む

逆に**ハイテン***など硬い鋼板の場合は、大きな荷重が発生するためロールがたわんで端部のほうが長手方向に余計に伸びるため、今度は板端部が伸びて波を打ってしまう(端伸び)(**図4-7右**)。こうした異常な伸びが生じると、最悪の場合、6～7スタンドある仕上げ圧延機の途中で鋼板が引っかかりロールを破損したり板が切れたりしてしまう。

こうした異常な伸びを防ぐために、どのような圧延が良いのか。原理的には、圧延前の鋼板中央の厚さ(H)とクラウン(CH)の比率(クラウン比率：$\frac{CH}{H}$)が、圧延の際に相似形でそのまま薄く縮小され、圧延後も同じ比率になることが望ましい。しかしその場合、波のない平坦な鋼板はできるが、クラウン比率は減少しない(**図4-7中央**)。これでは永久にクラウン比率を変えられないため、所定のクラウン値の小さい鋼板をつくることはできなくなる。

地道な実験と高度な解析技術

クラウン比率の変化と中伸び、端伸びなどの板形状との相関関係を把握するため、地道な圧延実験が行われた。そして、圧下力による伸びは、長手方向だけでなく幅方向にもわずかに出ることが発見された。つまり、クラウン比率を変えても圧延後の長手方向の伸びは幅方向の伸び分だけ小さくなり板形状は若干良くなる。

実験を繰り返した結果、板幅が広い、または薄いと幅方向の伸びが出にくくなりそれだけ形状の改善代(しろ)が小さく、微妙にクラウン比率を変えただけで中伸びや端伸びが起こりやすい。また、ロール径が小さいと幅方向の伸びが相対的に出にくいため、そうした異常な伸びが起こりやすいことも実証した。

さらに圧延実験の過程で、"クラウンが遺伝"することも発見した。例えば、圧延前のクラウンが大きな素材を、クラウンを減少させるため、均一ロールギャップ(板厚分布)となるような圧延機設定条件で圧延する場合、鋼板の中央部が端部よりも余分に伸びようとし、圧延機を出た後に中伸びの波が出る傾向の圧延となる。

しかし、圧延機の中では鋼板はロールに押さえつけられていて波が出ることは許されない。そのため中央部の鋼板はロールと周辺の材料に拘束され"押しくら饅頭(まんじゅう)"状態になり、中央部の圧延荷重が大きくなって、鋼板に若干のロール変形がプラスされる。

つまり、本来クラウンを減らすべきところが、伸びを抑えようとする**内部応力***によってクラウンが少し残ってしまう現象が起こるのだ。それを"クラウンの遺伝"と呼んで

内部応力：物体に加えられる外力によってその内部に生ずる力。単位面積当たりの力で表す。「引張り応力」「圧縮応力」「剪断応力」「ねじり応力」などがある。

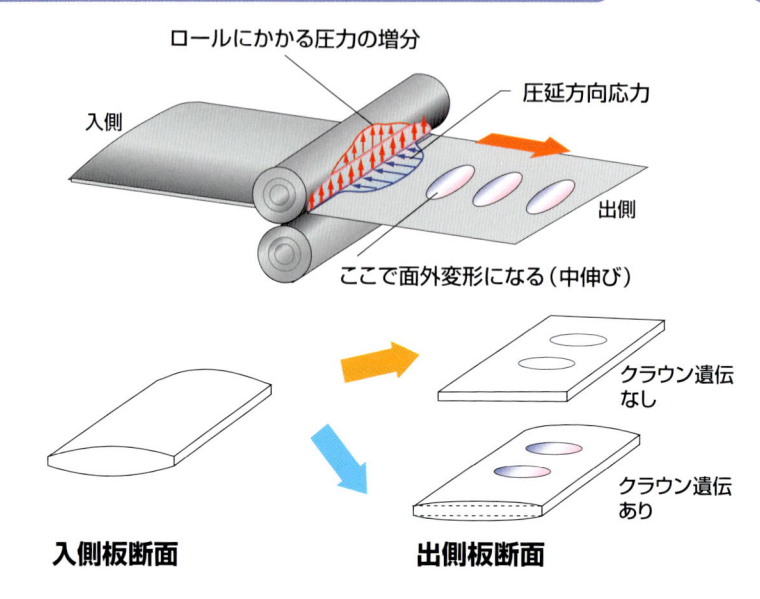

クラウン遺伝の原理 図4-8

ロールにかかる圧力の増分
圧延方向応力
入側
出側
ここで面外変形になる（中伸び）

入側板断面　　出側板断面

クラウン遺伝なし
クラウン遺伝あり

クラウンが大きな鋼板の板厚を均一にする際、中央部は端部より余分に伸びようとするが、ロールに押さえつけられているため、中央部の圧延荷重が大きくなる。その圧力増分だけロールが余分に変形するため、鋼板のクラウンが少し余分に残ってしまう現象。

いる（**図4-8**）。

"遺伝"の仕方は板厚、板幅によって異なるが、薄くなると"遺伝"も大きくなることがわかった。最初に述べた"うどん粉"の場合は、素材が軟らかいため内部応力が残らず"遺伝"は起こらないが、鉄は硬いためそうした現象が起こる。

これらの現象を緻密に数値解析し、クラウンの遺伝性を定量的に示す**クラウン遺伝係数**およびクラウン比率の変化や板幅、板厚、ロール径の違いによって生じる形状変化を示す**形状変化係数**が導き出された。そしてクラウン比率の変化が形状に及ぼす影響を解明し、圧延中のクラウンと形状の変化を追う理論解析技術として**クラウン・形状計算モデル**を確立した。

地道な実験と高度な理論解析によって約20年前に開発されたこのモデルは、当時世界トップクラスのもので一世を風靡し、現在でもクラウン・形状制御技術の基本となっている。

🔹 シビアな条件下で形を制御

　現在、熱間圧延はこの「クラウン・形状計算モデル」をはじめとする各種の計算モデルと「設備技術」の両輪で成り立っている。

　例えば、「クラウン・形状計算モデル」を使った条件設定による「ホットストリップミル」の実圧延において、仕上げ圧延機の各スタンド間(約5m)で、中伸び、端伸びなどの程度を表す急峻度(波高さとその波ピッチの比の％表示)が2％、つまり1mにつき2cmまでの波の高さについては、圧延時に中央部の圧下力を強めてクラウン比率を下げても問題がないことがわかった。

　クラウン比率の変更によって形状が波打っても、次のスタンドで確実に噛み込み、徐々に後段スタンドにいくに従って所定のクラウンに減少させながら、最後のスタンドで確実に平坦に圧延すれば良い。

　この2％の形状変化の範囲でクラウンを減少させることができることは実圧延でも証明された。

　熱間圧延のノウハウとは何だろう。

　まず、所定のクラウン値(断面形状)に圧延するには、最終的に時速100km以上で流れる圧延ラインにおいて、鋼の温度を測定しその時の硬さ、すなわち変形抵抗から圧延荷重を計算し、各スタンドのロール間隙、ロール回転数、クラウン、形状等を制御しなければならない。各スタンドを適切に制御するためには、「クラウン・形状計算モデル」をはじめとする各種の計算モデルを使って、短時間(1秒以内)に計算して各スタンドをセットアップすることが求められる。

　また、仕上げ圧延機出口の圧延状況を実際に計測し、その情報を各スタンドにフィードバックし修正制御をする。さらにエネルギーミニマムで、各スタンドのロール摩耗やモーターの疲労などをできるだけ均等にするといった計算もしながら板厚、形状、クラウンを高精度に制御している。これが、熱間圧延のノウハウだ。

　熱間圧延は時間が勝負だ。時間が経過し、温度が下がれば硬くなりそれだけで変形に対する抵抗が強まり、圧延が困難になってしまう。熱間圧延とは、ロール自体が熱により膨張することも含め、さまざまな現象をモデル化し、いわばギリギリの状態でシビアに圧延条件をコントロールすることで初めて可能になる。

　こうした"形をつくり込む"優れた技術によって、クラウン値はそれぞれの鋼板の目標値(例えば30μm)に制御されている。

2 効率的多品種生産への挑戦

● コフィン（棺桶）スケジュール

　九州製鉄所 八幡地区の例では、**ホットストリップミル**で製造する薄鋼板の品種が1970年頃から多くなり、普通鋼から特殊鋼まで多品種の生産を行っていた。自動車用鋼板や容器用鋼板に加え、高張力鋼板、ステンレス鋼板、電磁鋼板、**スパイラル鋼管***用鋼板など、小ロットで多品種の特殊鋼が全生産量の25％を占める品種構成となっていた。

　一般に特殊鋼は適正な圧延条件の範囲が狭いため、わずかな条件変動でも圧延トラブルや品質トラブルを生じやすい。その結果、特殊鋼比率が増えると全体の生産効率（量）が落ちてしまうといった問題があった。特殊鋼の生産効率を上げるにはどうしたら良いのか。特に、薄板製品の基本的形状（クラウン）を決定する熱間圧延において、その課題が大きな壁として立ちはだかった。

　ホットストリップミルでは、従来、多品種生産に対応するために、可能な限り類似の材質や板厚をまとめて、1回の圧延チャ

エッジ摩耗と不良品発生のメカニズム　　　　　　　　　　　　図4-9

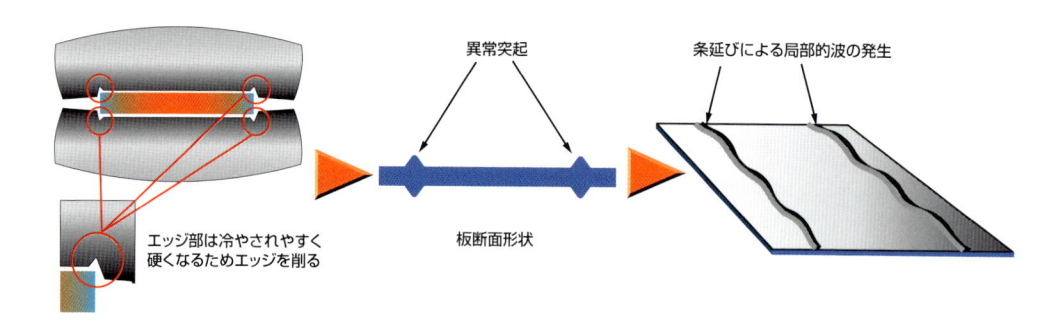

エッジ部は冷やされやすく硬くなるためエッジを削る

異常突起

板断面形状

条延びによる局部的波の発生

圧延材の端部が圧延ロールの局部摩耗をまねく。

圧延ロールの局部摩耗が、幅広材にコピー（転写）され、鋼板表面に異常突起が発生してしまう。

異常突起のある鋼板がその後冷間圧延されると、条延びとなり、局部的波が発生する。

スパイラル鋼管：広幅の帯鋼を、らせん状（スパイラル）に巻いてふちを溶接した大口径鋼管。

第4章　形をつくり込む

ンス（1スケジュール）でコイル約100本を圧延していた。

その際、ロール組み替え後の最初のコイル10本位は板幅の狭いもの（幅狭材）から徐々に幅広のもの（幅広材）に移行してサーマルクラウン（ロールの熱膨張によるクラウン）を安定させ、その後約90本は徐々に板幅を狭くしていった。

それはなぜか。当時の技術では、幅狭材の次に幅広材を圧延すると、幅狭材のエッジ（端部）が当たる圧延ロールの部分が他の部分より余計に摩耗してしまうため、幅広に移行したときにその部分が鋼板にプリントされ、不良製品（異常断面形状）ができてしまう（**図4-9**）。それを避けるため、残りの約90本は徐々に幅広から形状制御が容易な幅狭に移行させていた（**板幅漸減の法則**）。

この圧延スケジュールは、その板幅変化が棺桶の形に似ていることから**コフィン（棺桶）スケジュール**と呼ばれた（**図4-10**）。

かつて行われていたコフィン（棺桶）スケジュールの例　　図4-10

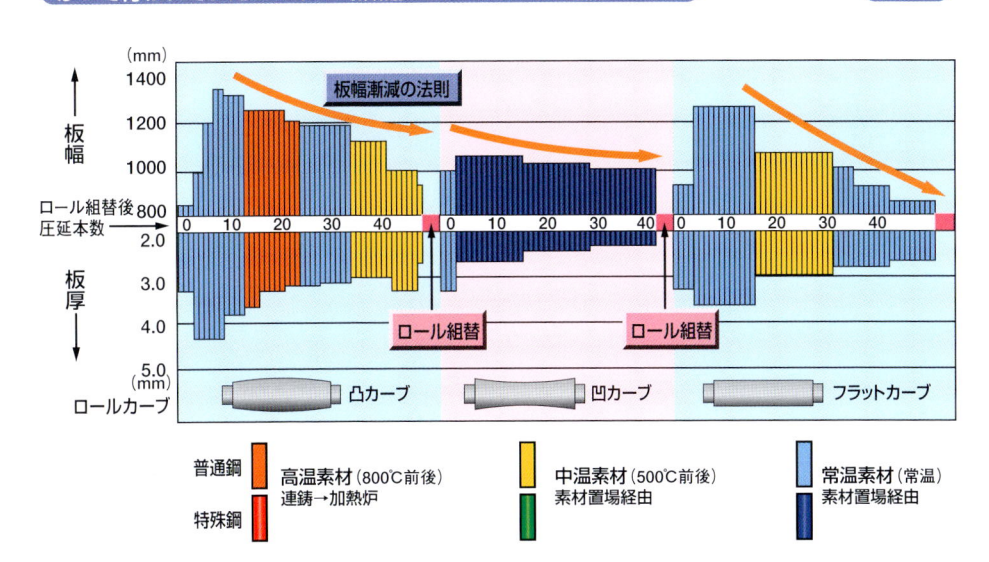

（図：板幅（mm）と板厚（mm）の推移、ロール組替、凸カーブ・凹カーブ・フラットカーブ、普通鋼・特殊鋼、高温素材（800℃前後）連鋳→加熱炉、中温素材（500℃前後）素材置場経由、常温素材（常温）素材置場経由）

最初のコイル10本位は、板幅の狭いものから幅広に移行し、その後の約90本は、徐々に板幅を狭くしていく。徐々に生じるロール摩耗に合わせて、形状制御が容易な狭い板幅に移行させていく。

8種類ものロールカーブ

当時、材質や板厚が異なる薄板製品を圧延する場合は、一度ラインを停止して、新たな材料(材質や板厚条件をまとめた1スケジュール)条件に合ったロールカーブの圧延ロールに組み替えるしか方法はなかった。

その際、従来の4重圧延機はクラウン制御能力が小さいため(本章1参照)、各製品に合わせたロールカーブを持つロールを適用しなければならない。全製品の平坦度、断面形状をつくり分けるために、8種類ものロールカーブが必要だった(**図4-11**)。

例えば、電磁鋼板やステンレス鋼板などの硬い特殊鋼には中央が膨らんだロール、軟鋼には逆に少しへこんだロール、フラットロールなど、鋼板の硬度・板厚に応じ使い分けていた。

この方法では、半製品(スラブ)を「コフィンスケジュール」に合わせて**ヤード**[*]から搬入しなければならない。スラブをヤードに置く順番も後工程のスケジュールにしばられてしまう。

また、製品によって適正加熱温度・時間が異なるため、加熱炉(3炉)の操炉も非効率だった。焼き上げて圧延ライン上に抽出する順番が、コフィンスケジュールになっていないといけないからだ。さらに、生産計画の変更はラインの長時間停止につながり、生産効率向上のネックだった。

この圧延制約は、4重圧延機のクラウン制御能力が小さかったことに起因しており、それはクラウン形状制御性の良い「6重圧延機(HCミル)」導入期まで続いた。

スケジュールフリー圧延

スケジュールフリー圧延とは、板幅に関係なく圧延順序を自由化し、多品種圧延を実現する技術だ。1970年頃は、素材を圧延順に並べ替えなくてはならず、緊急材でも次の同一品種の圧延チャンスまで待機するなど、納期対応も不十分だった。その制約をなくすことは、ホットストリップミルの誕生以来、約60年間にわたる"夢の技術"だった。

1982年に、九州製鉄所 八幡地区の新ホットストリップミルが稼働を開始。そこで新たに開発導入した「**6重圧延機**」と「**クラウン・形状計算モデル**」等による新圧延制御技術の確立で、ついに「スケジュールフリー圧延」が実現した(**図4-12**)。

これで、スラブの圧延条件が変化しても、コイル1本ごとに材質や板厚、板幅を柔軟に変えることができるようになり、生産性が格段に向上した。圧延材の材質、板厚、

ヤード:原料や製品などを一時的に保管する場所や置き場のこと。

第4章　形をつくり込む

かつて使われていた8種類のロールカーブの一部　図4-11

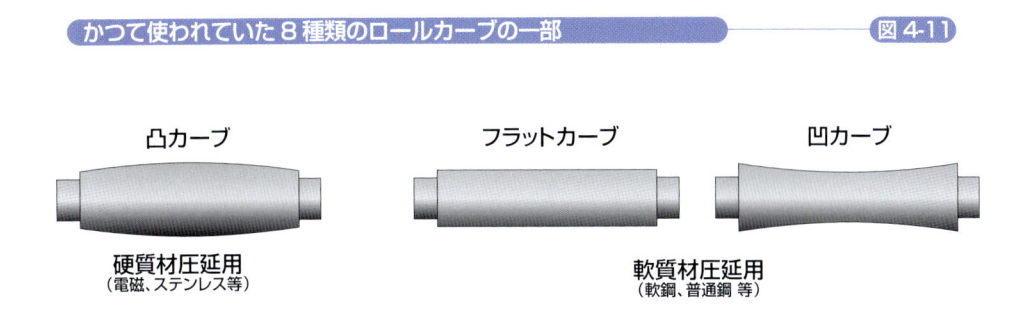

凸カーブ
硬質材圧延用
（電磁、ステンレス等）

フラットカーブ

凹カーブ
軟質材圧延用
（軟鋼、普通鋼 等）

4重圧延機ではクラウン制御能力が小さいため、鋼板の材料条件（硬度や板厚）に応じてロールを使い分けていた。その数は8種類にも及んだ。ロールの凹凸は、フラットカーブに対して数100μm以内。

夢の技術 スケジュールフリー圧延　図4-12

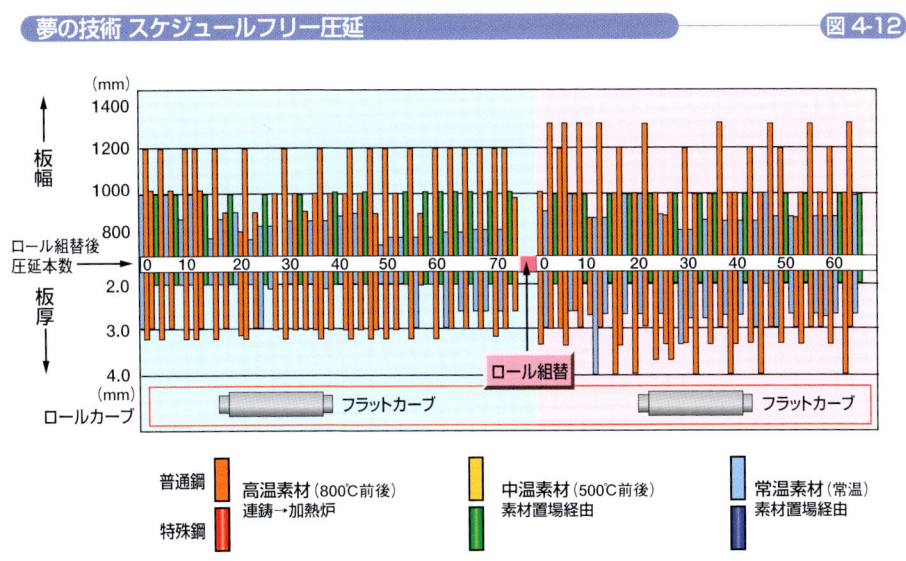

普通鋼　高温素材（800℃前後）　中温素材（500℃前後）　常温素材（常温）
　　　　連鋳→加熱炉　　　　　素材置場経由　　　　　　素材置場経由
特殊鋼

板幅に関係なく圧延順序を自由化し、多品種混合圧延を実現した。スラブの圧延条件が変化しても、コイル1本ごとに材質や板厚、板幅を柔軟に変えることができるようになった。

板幅などの変化によって圧下力がコイル1本ごとに違っても、ワークロールはフラットロール1種類で対応できる。

この「スケジュールフリー圧延」は、「クラウン・形状計算モデル」の活用によるクラウン・形状制御を始め、板厚・板幅・巻取温度（材質）制御などに用いる高精度の各種計算モデル（圧延材の変形抵抗、**ミルストレッチ**＊、幅広がり、加熱、冷却、温度など）の開発・導入によって実現した。

その結果、圧延後のクラウンは40μm以内（従来90μm）に制御でき、全長の板厚的中率は98％（従来95％）、板幅では92％（従来34％）、材質をコントロールするための捲取温度の精度は98％（従来78％）と、圧延精度も大幅に改善した。

さらに、従来23kmだった同一幅での圧延全長が90kmまで伸び、ロール交換などの対応要員の減少により、操業人員も従来の104人から40人に省力化された。熱間圧延の上下工程の効率化も飛躍的に進んだ。

🌀 技術集積が生んだ夢の技術

このスケジュールフリー圧延技術を支える基本的技術は、次の5つの技術だ。

まず、断面形状のつくり分けを行う「クラウン・形状計算モデル」による**製品の平坦度、断面形状（クラウン）の自在制御技術**である。

次に、鋼種、板厚、板幅の圧延順番がフリーでも高精度の板厚、板幅、捲取温度（材質）が確保できる**高精度圧延技術**。

3番目は、圧延ロールの局部摩耗（板エッジ部）を解消した、世界初の**圧延ロールの摩耗均一、軽減化技術**だ。

連続圧延時のワークロールは、温度低下で硬くなった圧延材エッジ部が当たる箇所が他に較べて余計に摩耗していく。それを回避するため、コイル1本ごとに幅方向にワークロールを最大±60mmシフトさせて、エッジが同じ箇所に当たらず摩耗が均一になるようにする**ロールシフト技術（システム）**を開発し、板幅制約がフリーになった（**図4-13**）。

ロールの材質についても、耐摩耗性の高い硬質の**ハイクロム**＊を採用し、従来は圧延材トン当たり0.33μmだったロール摩耗を半分以下にし、ロールシフト技術と相まってワークロールの長寿命化を実現した。

また、熱間圧延ラインの各運転室（加熱、粗、仕上、巻取）の1人運転を可能にする**自動運転システム**や、人間の五感を超えるような**設備総合診断システム**などを開発し、LANによってリアルタイムで大規模プロセスを

ミルストレッチ：圧延機の上下ワークロール間隙が被圧延材から受ける圧延荷重によって押し拡げられる変形量。
ハイクロム：添加元素主成分がクロム（Cr）の鋳鉄で、クロム炭化物量が多く高温硬さが高いため、耐摩耗性、耐熱亀裂性ともに優れる。

第4章　形をつくり込む

ロールシフト機構のメカニズム　　図 4-13

エッジがロールの同じ箇所にあたらないように制御し、ロール摩耗を均一にしたシステム。この技術とロール材質改善により、ワークロールの長寿命化を実現した。

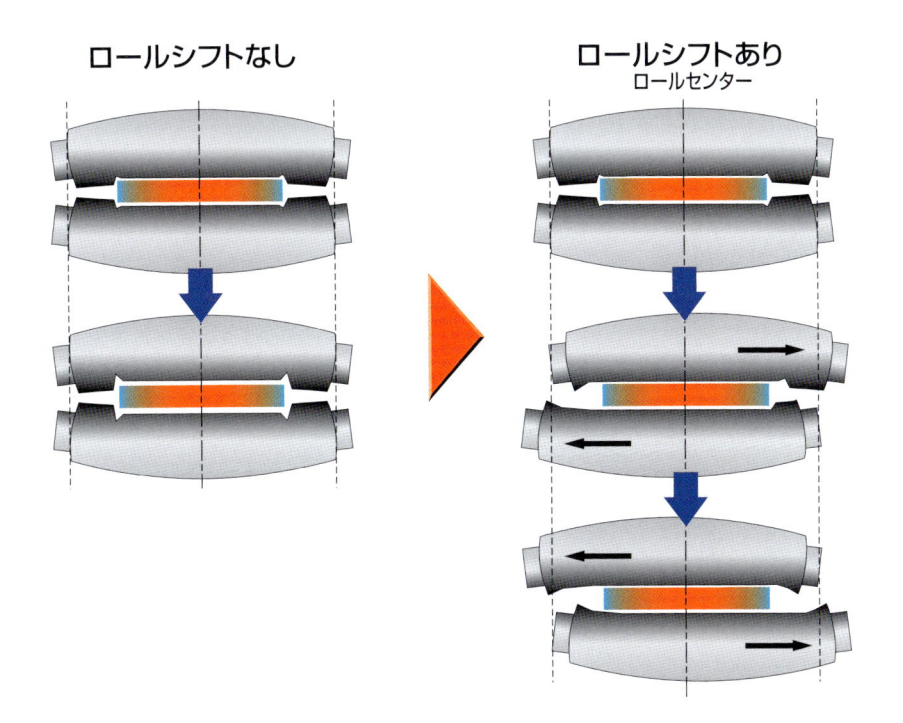

ロールシフトなし

ロールシフトあり
ロールセンター

ワークロールが左右にシフトしない場合は、圧延材のエッジ部があたるロール部分が深く削られてしまい、広幅鋼板の圧延時に異常断面が生じる。

ワークロールシフトがあると、圧延材のエッジ部が同じ部分にあたらないため、ロールの摩耗が均一になり、品質が大幅に改善された。

制御する**高度な総合的計算機適用技術**（プロセスコンピューターコントロールシステム）を確立し、柔軟性と即応性の高い操業を実現している。

　さらに、圧延材料を選ばないスケジュールフリー圧延の長所を活かし、連続鋳造機との効率的直結同期操業で製鋼−熱延工程の最適化を図る**生産工程管理技術**を導入。この技術によって、従来は連続鋳造後から熱延コイル冷却まで8日間かかっていた工期を半日に縮め、市場ニーズへの対応や生産性向上を実現するとともに、在庫や使用エネルギーの減少にも効果を発揮した。

　こうして確立された、多品種を高精度でかつ自在に圧延する"夢"の技術は、現在でもさらなるレベルアップを目指して進化し続けている。

創形に加え"創質"を

圧延とは、圧下力をかけて鋼材を延ばす工程であるとともに、鋼材の特性を左右する重要なプロセスです。

鉄の結晶組織は外力による変形と温度、時間に応じて大きく変化するため、これらをうまくコントロールすれば、微細な組織を持つ強度の強い鋼板や成形性の優れた鋼板をつくることができます。

圧延技術の進歩は、形状・クラウンや板厚、板幅などに対する20年以上の研究史ですが、すでに9割以上の技術的進歩を遂げています。信頼性の高い圧延計算モデルが確立されており、実機を使用せずにコンピューターによるシミュレーションで多くの検証が可能です。

圧延は"ものづくり"です。今後さらに、形状・クラウンや寸法などの"形"だけでなく、中身をつくる"創質"、つまり鋼材の性質をつくり込むことに挑戦しなければなりません。そのためには今後、メタラジー現象のシミュレーションを可能にするメタラジー計算モデルを開発し、圧延モデルとの融合を図ることが重要です。

今は SCM(Supply Chain Management)の時代です。例えば今後、自動車メーカーが挑戦していく"オーダーメイドでワン・ウィーク・プロダクション"(注文から1週間で納品)に対応して、部材となる鉄鋼製品もユーザーに連動して、生産、納品する必要があり、"注文からワン・ウィーク・プロダクション"の実現に挑戦していくことが求められるでしょう。

それを可能にするためには、圧延による「寸法形状」のシミュレーションと、温度や変形によって決まる「材質」のシミュレーションを融合させた材質予測シミュレーションシステムの開発が必須であり、さらに品質予測とコスト予測を含めて総合的に予測できる**製造技術総合シミュレーションシステム**が必要になります。

そうしたシステムができれば、ボタン1つで品質、コストまで考慮した材料設計ができ、それを達成するための各工程での製造条件(圧延条件や温度条件等)が明確になるため、製鉄所でダイレクトに注文をとり生産するといった、迅速な顧客対応が可能となる先進的な鉄鋼生産システムが実現するでしょう。

菊間 敏夫 (きくま としお)
工学博士
元 新日本製鉄㈱フェロー

5

鉄と鉄をつなぐ

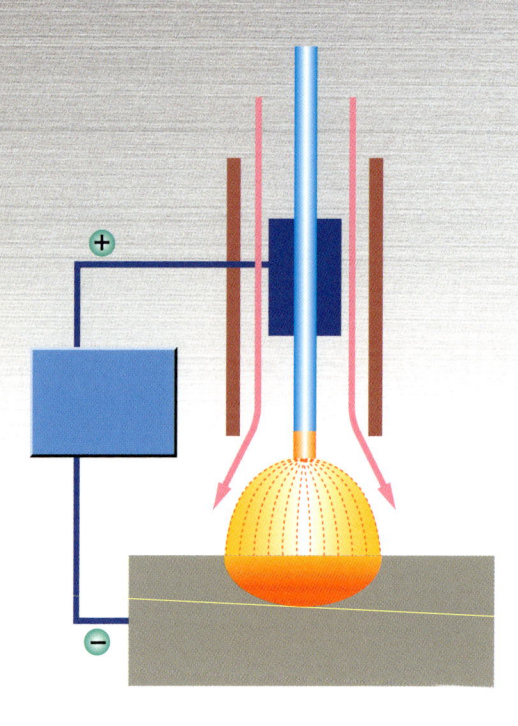

私たちの身の周りで加工が簡単にできる材料には、紙、木材、布などがある。これらは好みの形に、はさみやのこぎりで簡単に切断できる。さらに、糊、かなづちと釘、針と糸を使うことで目的とする形に簡単に組み立てることができる。このように「使いやすい材料」とは、「切断と接合」が簡単であることが大切だ。鉄は、あらゆる溶接法がすべて適用できる唯一の金属だ。強度やリサイクル性などの優れた特性に加え、切断と接合が容易という、ものづくりに際し最も重要な要件を備えた材料だということがわかる。本章では、「溶接のメカニズム」と「鉄と鉄をつなぐ」優れた技術を紹介する。

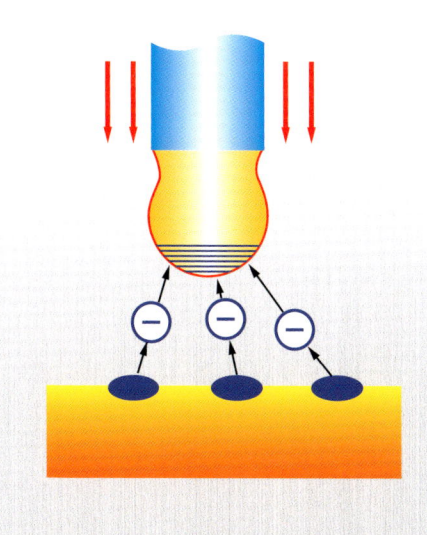

1 溶接のメカニズム・種類と鉄の特徴

溶断・溶接が容易な鉄鋼材料

鉄は可燃ガスと酸素ガスボンベさえあれば、どこでも簡単に切断できる。

可燃ガスで鉄を加熱し、鉄と酸素を反応させると酸化鉄が生成される。酸化鉄は、鉄よりも溶融温度が低いため、酸素ガスを吹き付けた部分だけが溶ける。したがって、外部から力を加えることなく切断が進行する。これを溶断という。最近はレーザビームによる切断が増えてきたが、この場合も酸素ガスを付加して切断効率を高めることがある。

鉄以外のすべての金属は、酸化するとその溶融温度は高くなる(図5-1)。すなわち、鉄以外のすべての金属はガス溶断ができないのである。鉄の酸化物は鉄よりも溶融温度が低いという、金属としては稀有の特徴がある。つまり、鉄は金属の中で切断が最も簡単にできるということだ。

"溶断できる"という性質は、ものを壊すときにも有利だ。以前、アルミ合金製の列車が転覆して運転手をなかなか救出できないことがあった。もし列車が鋼製であれば山奥でもガス切断で直ちに運転手を救出できたはずだ。

使いやすい材料とは、接合も簡単にできる材料だ。**溶融溶接**は、一般に溶接材料(溶加材)

身近な金属とその酸化物の溶融温度　　図5-1

鉄は酸化すると溶融温度が低くなり、溶断できる

鉄　Fe／Fe_2O_3　← 低下

その他のあらゆる金属は酸化すると溶融温度が高くなるため、溶断できない

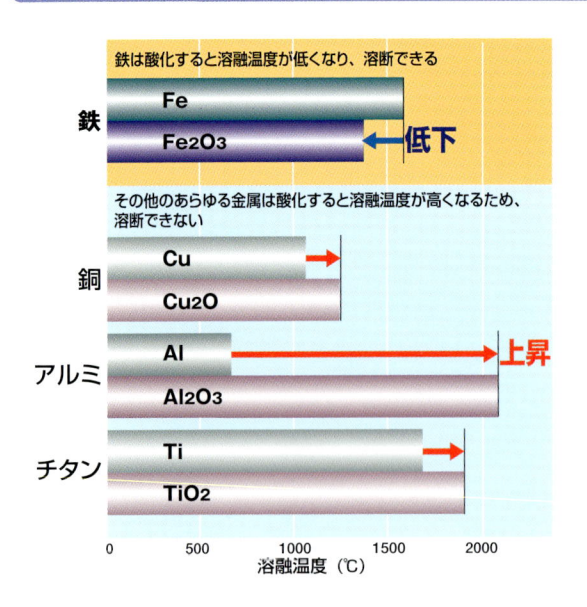

銅　Cu／Cu_2O　→

アルミ　Al／Al_2O_3　→ 上昇

チタン　Ti／TiO_2　→

溶融温度（℃）　0　500　1000　1500　2000

鉄の酸化物は鉄よりも溶融温度が低く、そのために溶断が容易にできる。そうした特性を持つのは、あらゆる金属の中で鉄だけである。

を使用し溶接材料と接合すべき母材を一緒に溶かすことで、母材と母材をつなぐ。

圧接は、母材と母材を十分に加熱してから圧力を加えてつなぐ。圧接では溶加材は用いない。

ろう接は、はんだ付けで知られているように、母材を溶かさずろう(溶加材)だけを溶解して母材同士をつなぐ。

鉄は、あらゆる溶接法(**図5-2**)がすべて適用できる唯一の金属だ。例えば、ドラム缶の製造には**マッシュシーム溶接***、レールの現場敷設接合には**テルミット溶接***、というようにそれぞれの加工に適した溶接メニューが適用可能だ。

ところが、酸化しやすいアルミやチタンの場合には注意が必要となる。アーク溶接の場合、シールドガスに純アルゴンを用いることや、裏面側のシールドが必須となる。航空機の機体に使用される高強度アルミ合金の組み立てには、主に**リベット接合***が用いられている。

鉄はその優れた物理的性質に加え、"切断と接合が簡単"という、ものづくりに際し最も重要な要件を備えた材料だということがわかる。

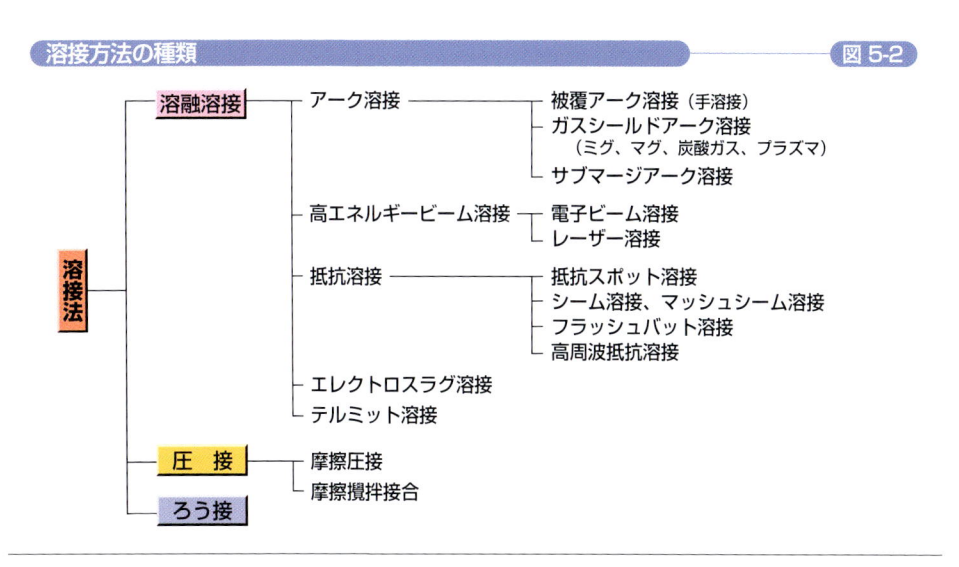

溶接方法の種類　　　図 5-2

```
溶接法 ─┬─ 溶融溶接 ─┬─ アーク溶接 ─┬─ 被覆アーク溶接(手溶接)
        │             │              ├─ ガスシールドアーク溶接
        │             │              │    (ミグ、マグ、炭酸ガス、プラズマ)
        │             │              └─ サブマージアーク溶接
        │             │
        │             ├─ 高エネルギービーム溶接 ─┬─ 電子ビーム溶接
        │             │                          └─ レーザー溶接
        │             │
        │             ├─ 抵抗溶接 ─┬─ 抵抗スポット溶接
        │             │            ├─ シーム溶接、マッシュシーム溶接
        │             │            ├─ フラッシュバット溶接
        │             │            └─ 高周波抵抗溶接
        │             │
        │             ├─ エレクトロスラグ溶接
        │             └─ テルミット溶接
        │
        ├─ 圧 接 ─┬─ 摩擦圧接
        │         └─ 摩擦攪拌接合
        │
        └─ ろう接
```

テルミット溶接:アルミと酸化鉄の混合物への点火により生まれた高熱(テルミット反応、約2800℃)を利用して溶接する方法。大断面同士の溶接に使われる。

マッシュシーム溶接:2枚の回転円盤電極で鋼板をはさみ、加圧・通電して端部同士をつぶして溶接する。板の端同士をつなぐ場合に多く用いられる。

電子ビーム溶接:真空中で高速の電子ビームが生み出す衝撃熱を利用して溶接する方法。

リベット接合:リベットとは鋲(びょう)のこと。端部と軸部をもつ部品を、鋼材にあけた穴に差し込んで端部をつぶして締結する接合法。

溶接の種類とメカニズム

溶接は、接合すべき部分のみを熱し局部的に溶融して接合するため、集中熱源を用いる。**アーク、レーザビーム、ジュール熱、摩擦熱、テルミット**(酸化鉄と純アルミ粉末の爆発的化学反応熱)などのさまざまな方法が適用される。

電気を通しやすい2つの導体をお互いに近づけ電圧をかけた場合、導体同士が接触するとスパークが発生するが、適当な間隔に保つと導体間に弧状のアークが発生し持続される。アークの中では気体が電子と陽子に電離した状態、**プラズマ**＊になっている。アーク中の温度は1万℃近くにも達し、太陽の表面温度に近い高温が手軽に得られるため、アーク溶接は溶融温度の高い金属を溶かす溶接に用いられてきた。

多くの溶融・溶接法のうち、最も一般的に用いられるのが、**ガスシールドアーク溶接**だ(**図5-3**)。高温のアークにより、鋼板(母材という)を溶かして溶融池をつくるとともに、ワイヤ(溶加材)の先端を溶かして溶融池に

ガスシールドアーク溶接の原理　　　　図 5-3

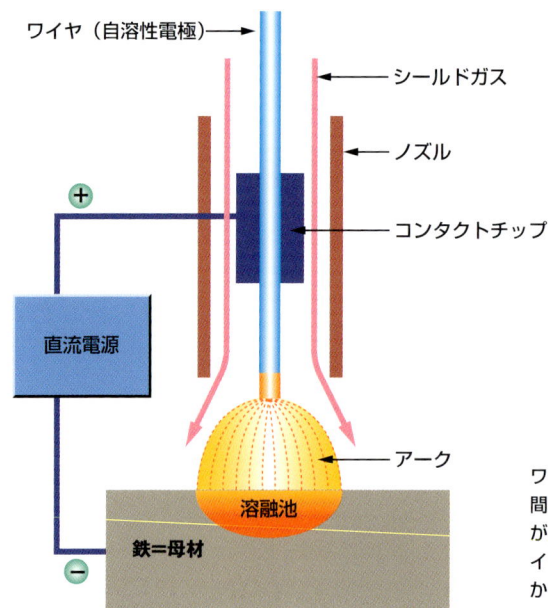

- ワイヤ（自溶性電極）
- シールドガス
- ノズル
- コンタクトチップ
- 直流電源
- アーク
- 溶融池
- 鉄＝母材

ワイヤ電極先端と溶接すべき母材の間隔が5mm程度に保たれ、アークが発生する。高温のアークによりワイヤの先端が溶けて、母材も一部溶かし溶融溶接が進行する。

＊プラズマ：加熱すると固体は液体を経て気体になる。その気体をさらに加熱することで生まれる物質の状態。電子が自由に動くため電気を通しやすい。

落としながら溶融溶接が進行する。アーク中に空気が巻き込まれると、溶滴は酸化・窒化され溶接金属が脆くなる。そのため、アルゴンや炭酸ガスで空気を遮断(シールド)することが必要となる。

被覆(ひふく)アーク溶接では溶接棒を覆っているフラックス(鉱物の粉体)が燃えて発生するガスでシールドし、**サブマージアーク溶接**はスラグ(溶融フラックス)でアークを覆いかぶせて空気を遮断して溶接する。

自動車用鋼板など薄板溶接には、**抵抗スポット溶接**が適用される(図5-4)。2枚に重ねた鋼板を上下から銅電極で押さえつけて通電し、その抵抗発熱で鋼板接触部を加熱し溶融して接合する方法だ。溶接は1秒程度で完結する。押さえの電極が回転円盤であればシーム溶接でありドラム缶製造などに適用される。

シーム溶接のうち、鋼板を押しつぶすほどに加圧力を増したのが**マッシュシーム溶接**で、飲料缶製造に適用される。例えば、スチール飲料缶で筒の印刷が施されていないところに走っているのが、マッシュシーム溶接線だ。

電気抵抗スポット溶接の原理 図5-4

2枚に重ねた鋼板を上下から銅電極で押さえつけて通電し、その抵抗発熱で鋼板接触部を加熱し溶融して接合する方法。

加圧
電流
銅電極
薄鋼板
薄鋼板
銅電極
溶融金属

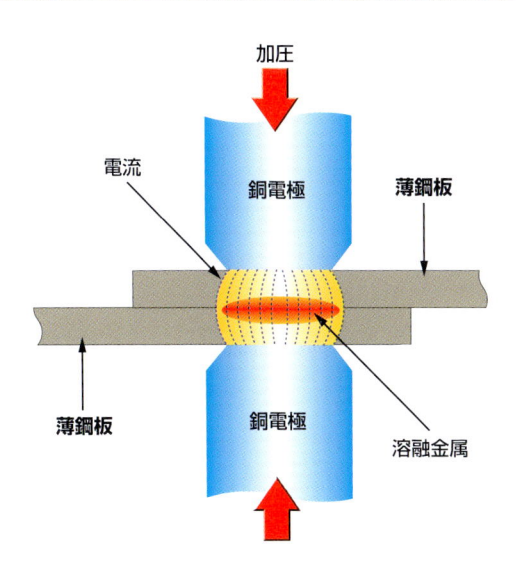

🔵 溶接は原子と原子の結合

溶接では、母材の一部を溶かして溶接金属を形成し、それが冷えて固まり、母材同士が接合される（**図5-5上**）。すなわち金属原子同士がくっついた状態となっている。

第2次世界大戦以前には、ごく一部の潜水艦や橋梁にアーク溶接が用いられたが、鋼構造物のほとんどは**リベット継手**（**図5-5下**）だった。

真っ赤に熱したリベットを、母材とあて金の穴に通してリベットの頭をたたき、リベットが冷却するときの収縮力で強固に接合する方法だ。溶接のような原子と原子の結合ではなく、母材とあて金が機械的に密着しているだけの状態である。水密性と重量減の点から溶接継手は格段に優れており、戦

溶接継手とリベット継手　　　　　　　　　　　　　　　　　　　　図 5-5

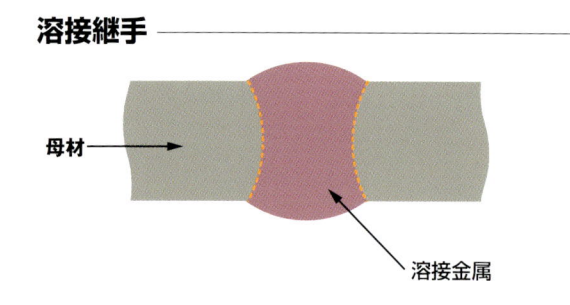

溶接継手

母材／溶接金属

溶接部は、溶接金属を介して母材同士が金属結合し、金属原子同士がくっついた状態となっているため、強固な構造。水密性と重量減の点から優れた構造となっている。

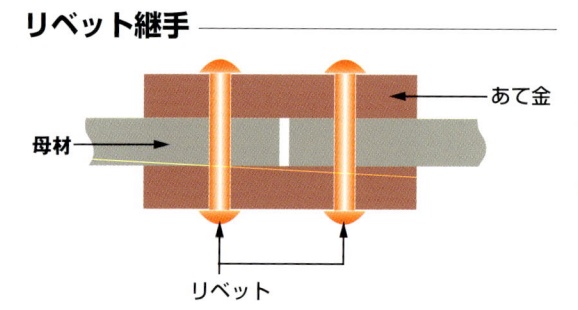

リベット継手

あて金／母材／リベット

溶接のような原子同士の結合ではなく、母材とあて金が機械的に密着しているだけの状態なので、水密性に劣り、戦後、厚い鋼板の接合構造としては姿を消した。

第5章　鉄と鉄をつなぐ

後リベット継手は鋼構造物から姿を消した。

これも第2次世界大戦中だが、米国は欧州戦、太平洋戦と戦線を同時拡大し、戦略物資を供給する補給船を大量に製造する必要に迫られた。各造船所はリベットに換えて溶接を主な接合法として採用し、生産効率を格段に向上させ、"戦時標準船"(設計と製造法が同じ)を短期間に製造することに成功した。ところが、全溶接船は船体の端から端まで金属結合しているため、一部にき裂が入ると、瞬く間に全体に伝わる恐れがある。

写真5-1は静かな港に停泊していた米国の戦時標準船(全溶接船)の一隻が、突然真二つに破壊したときの姿を写している。船体のどこかに加わっていた力が、最も弱い所に集中して生じた**脆性破壊***だった。当時の関係者は、多数の標準船を徹底的に調査し、

米国の戦時標準船(全溶接船)の脆性破壊の様子　　写真 5-1

静かな港に停泊していた戦時標準船の一隻が、突然真二つに破壊した様子。船体のどこかに加わった力が、最も弱い所に集中して生じた脆性破壊だった。

脆性破壊：変形しにくい材料に限界を越えた外力が加わったとき、突然ガラスのように破壊する現象。

脆性損傷を受けた船とそうでないものを統計処理して、母材の**シャルピー値***が0℃で**15ft-lb（21J）***以上あれば損傷の率は極めて低いことがわかった。現在でもこの値は鋼材規格の重要な尺度となっている。

造船業の発展を支える大入熱溶接用鋼

船舶の外板同士の接合には、**サブマージアーク溶接**が用いられる。フラックスを散布するため大板を水平に配置しなければならず、上からしか溶接できないという欠点があるが、強烈なアークをフラックスが覆ってくれるので、大電流を使用でき溶接生産性は極めて高い。外国の造船所では両面溶接（片側を溶接してから、大板をひっくり返してまた他の面を溶接する方法）を行うが、日本の造船所は板が厚くとも片面から大電流で一気に溶接してしまう。投入熱量が大きいので**大入熱溶接**という。

大入熱溶接は生産性は高いが、母材で溶接熱の影響を受けた部分、特に溶接金属との境界に近い熱影響部の結晶が粗大になる（図5-6）。結晶粒が粗大になるとその部分が脆くなり、シャルピー値が低下し規格を満足できなくなる。

そこで、1970年代、大入熱溶接でも脆くならない鋼材の開発が開始された。鋼にチタンを添加し、チタンと窒素の化合物であるTiNを鋼材に析出分散させ、この析出物によって熱影響部での結晶成長を止めて脆化を抑制する**大入熱溶接用鋼**の製造に成功した。

日本は人件費が高く、製造業は他国を凌駕する生産性を確保しなければ、生き残れない。**片面サブマージアーク溶接技術**がその一例だ。これは大入熱溶接用鋼の開発があってこそ適用できる技術で、日本の造船業と鉄鋼業は、鋼材開発と一体となって片面溶接技術を開発してきた。

次に、**溶接から生まれたオキサイドメタラジー***と、それをベースに発展してきた鋼材開発、溶接技術に焦点をあてよう。

シャルピー値：振り子に付いたハンマーにより試験片をたたく金属材料の衝撃試験において、1回の衝撃で材料を切断するのに必要なエネルギー量。

ft-lb（1.4J）：（ft＝長さ、lb＝質量）

オキサイドメタラジー：介在物である酸化物を利用した冶金。酸化物の量や大きさ、組成を変えることでさまざまな材質創造が可能になる（88頁参照）。

第5章　鉄と鉄をつなぐ

熱影響部の結晶粒比較　図 5-6

両面サブマージアーク溶接の場合

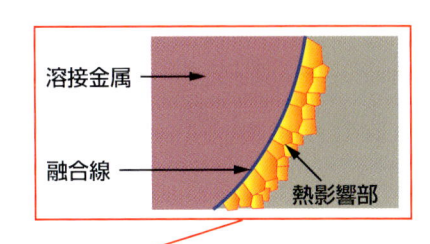

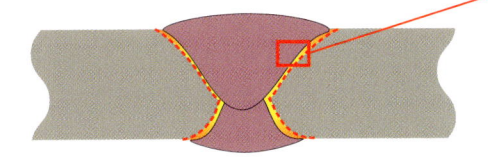

- 溶接金属
- 融合線
- 熱影響部

片面サブマージアーク溶接の場合

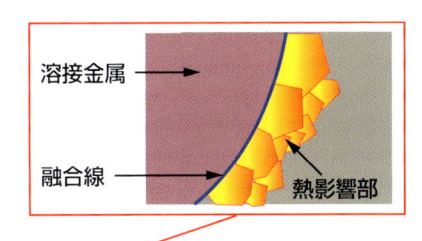

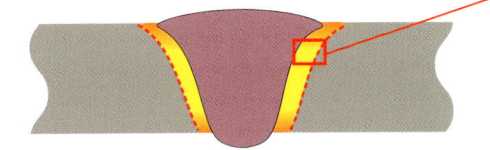

- 溶接金属
- 融合線
- 熱影響部

大入熱溶接の場合、特に熱影響部（溶接金属との境界に近い部分）の結晶が粗大になる。結晶粒が粗大になると、その部分が脆くなり、シャルピー値が低下し規格を満足できなくなる。

2 溶接が生んだ新技術と今後の可能性

溶接を安定させる"酸化物"

フラックス（鉱物酸化物である溶接材料の1つ）を用いる「サブマージアーク溶接」「被覆アーク溶接」には、**ルチール（TiO_2）**という**チタン酸化物**の添加が不可欠だ。

また、フラックスを用いないガスシールドアーク溶接用ワイヤにも、日本の溶接材料メーカーはチタンを添加している。では、なぜチタンを添加するのだろうか。

図5-7はガスシールドアーク溶接のアーク発生部を拡大したものだ。ワイヤを陽極にすると陰極の母材（溶融池）から"電子"が飛び出し、それがワイヤ先端に高速で衝突して熱を発し、溶融速度が上がるという原理だ。溶接の安定化にはこの"電子"が十分に飛び出すことが重要である。電子は溶融池に浮遊する"酸化物"から発生するが、これを陰極点という。

鉄を「アーク溶接」する場合、純アルゴンガスによる溶接では、電子の飛び出しが不十分（＝陰極点不足）で、アークが安定しない。鉄は緻密な酸化層に覆われていないからだ。そのため、シールドガスに炭酸ガスを用いたり（**炭酸ガスアーク溶接**）、アルゴンガスに酸素ガスを少量加え（**マグ溶接**）、溶融池表面に酸化物を形成しやすくする必要がある。これが鉄のアーク溶接の特徴だ。

一方で、緻密な酸化層が表面を覆うアルミやチタンの溶接の際は、無酸素の純アルゴンガスだけでアークは安定する。

普通のアーク溶接（**図5-7左**）では、ワイヤ先端がアーク熱で加熱・溶融し球状になったとき、ワイヤ先端を絞り込むようなピンチ力が働く。この力は溶滴中を流れる電流によって生ずる電磁力だ。あたかも針金をペンチ（pincher）で切り取ったときに先端が吹き飛んでいくように、"溶滴"となって溶けた溶接金属（＝溶融池）に飛んでゆく。この溶滴は小さいほどアーク状態が安定し、溶滴の飛び込みによる溶融池の乱れも抑えられる。

ところでシールドガス中の酸素は溶滴表面にも酸化物を形成する。しかし溶滴表面を覆う酸化物が「電気を通す性質（通電性）」を持たなければ、溶融池から飛来した電子を遮断して、電気が流れずアークが切れてしまうのだ。

不思議で有用な物質"チタン"

酸化物にはアルミ系、シリコン系、マンガン系など多くの種類がある。そのうち"チタン系"酸化物は電気を良く通す。そこで、炭酸ガス溶接ではワイヤに"チタン"を添加し、フラックスを用いる場合には、フラックスにチタン酸化物"ルチール"を加えることで、溶接を安定させている。

最近、**光触媒***などで脚光を浴びているチタン酸化物は、このようにアーク溶接が発明された20世紀初めから溶接分野で利用されてきた。さらに、ワイヤ表面に酸化物を塗布すると溶滴が小さくなり、溶接が安定する。チタンを添加しないワイヤで溶接した場合は、溶滴は**図5-7右**のように大きくなる。

こうしてアーク溶接の安定化のために、酸化物（フラックス）を用いたりシールドガスやワイヤに酸素・酸化物を加えている。そのため溶接金属には鉄鋼母材の10倍以上の"酸化物"が含まれる。この酸化物は高温（1万℃）のアーク下で1μm以下の球状になり、溶接金属中に分散する。その中でも、チタン系酸化物は有用に作用し、溶接金属

ガスシールドアーク溶接における溶滴移行　　　図 5-7

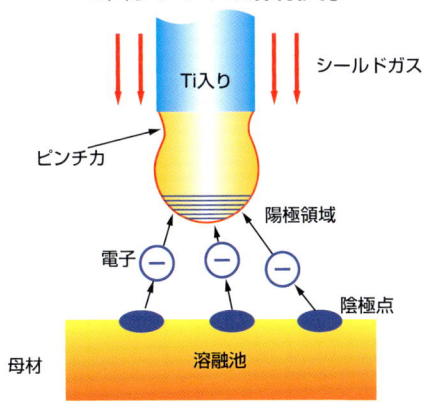

Ti入りワイヤの溶滴移行

シールドガス／Ti入り／ピンチ力／陽極領域／電子／陰極点／母材／溶融池

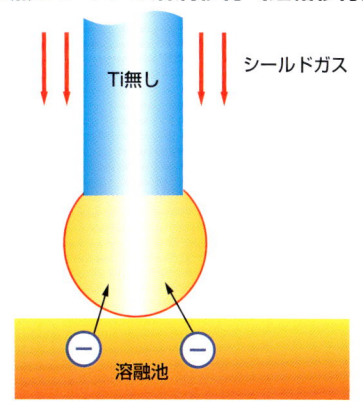

Ti無しワイヤの溶滴移行（短絡移行）

シールドガス／Ti無し／溶融池

ワイヤ先端がアーク熱で加熱・溶融し球状になったとき、ワイヤ先端を絞り込むようなピンチ力が働き、「溶滴」となって溶けた溶接金属（＝溶湯池）に飛んでゆく。この溶滴は小さいほどアーク状態が安定し、溶滴の飛び込みによる溶湯池の乱れも抑えられる。

チタンを添加しないワイヤで溶接した場合は、溶滴は上のように大きくなりやすい。ただし、自動車などの薄板を溶接するケースでは、アークが薄板を突き抜けてしまわないよう、小電流で溶接する。小電流の溶接では、ワイヤと母材が短絡と解放を繰り返す（ショートアーク）溶接の状態となるため、チタンを添加しなくても安定した溶接が行える。

光触媒：光を吸収して高エネルギー体となり、そのエネルギーを反応物質に与えて化学反応を起こさせる物質。植物の光合成はその代表例。

の靱性が非常に高くなる。

そのメカニズムを説明しよう。

鋼も溶接金属も、溶接時の高温加熱状態から冷却していくと、700℃前後で結晶構造が変化(**冷却変態**)し、チタン系酸化物から新しい結晶が生まれ成長していく。**写真5-2**はその瞬間をとらえたものだ。1μm以下のチタン系酸化物から生成する結晶粒は数μmと微細になり、靱性も優れたものになる。チタン系酸化物は冷却変態後の新しい組織と特になじみが良く、酸化物から新結晶が滑らかに成長するのだとする説が有力である。

溶接には長年チタン酸化物"ルチール"が用いられてきたが、上述したチタン酸化物核生成メカニズムが分かったのはつい最近(1980年)のことだ。チタン系酸化物は、溶滴を覆うスラグの中で電気を通す良導体であり、加えて、微細な結晶を生成させる核となる。溶接を安定させるために重要な働きをするチタンは、まことに不思議な物質だ。

🔵 オキサイドメタラジーの登場

ここで画期的なことは、溶接研究者がこの原理に着目し、鋼材への適用を思いついた点だ。"鋼材にチタン酸化物を分散させると、鋼材を溶接する時の熱影響部の結晶粒も微細になり、溶接でもろくならない溶接構造用鋼が開発できるのではないか"と考えたのだ。

当時は、鋼材中の酸化物はじゃまな物として嫌われ、できる限り酸化物の少ない清浄な鋼を製造するのが常識だった。その後、旧新日鉄では**酸化物冶金(オキサイドメタラ**

チタン酸化物から発生し成長する新しい結晶　　　**写真 5-2**

溶接金属が冷却変態する際、酸化物から新しい結晶が生まれ成長していく瞬間をとらえた写真

←10μm→

大入熱溶接用鋼の溶接熱影響部の組織

図 5-8

TiN（窒化チタン）鋼

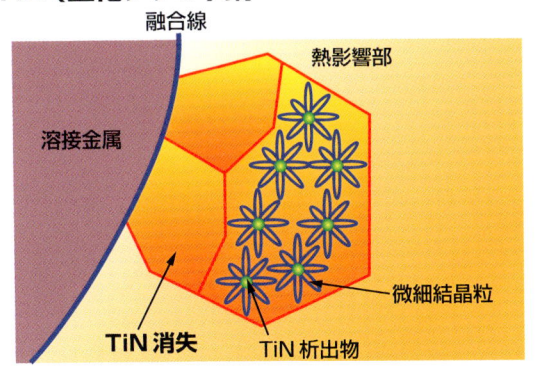

融合線
熱影響部
溶接金属
TiN 消失
TiN 析出物
微細結晶粒

1970年代の大入熱溶接用鋼にはTiN（窒化チタン）を利用していたが、溶接部分の熱影響部の融合線近傍では非常に高温になるため、TiNは溶解し、機能しなくなる。

TiO_2（チタン酸化物）鋼

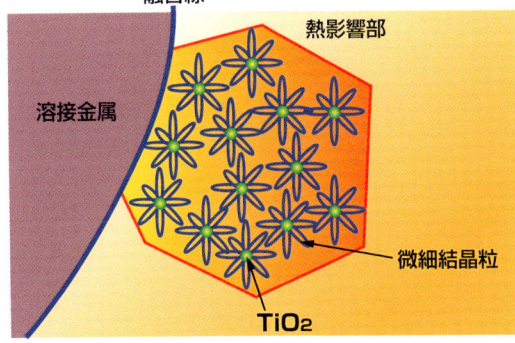

融合線
熱影響部
溶接金属
TiO_2
微細結晶粒

酸化物利用鋼は酸化物が熱的に安定で、超大入熱溶接でもその機能を消失しないため、優れている。

ジー)を研究部門の横断テーマとして取り組み、製鋼技術部門と協力し**チタン酸化物鋼**を完成させ(1983年特許取得)、1986年、**北海の石油掘削大型海洋構造物**に適用された。

1970年代の**大入熱溶接用鋼**には**TiN(窒化チタン)**を利用していたが、溶接部分の熱影響部の融合線近傍(前頁**図5-8**)では非常に高温になるため、TiNは溶解し、機能しなくなる。一方、酸化物は熱的に安定で、大入熱溶接でもその機能を消失しないため、酸化物利用鋼は優れている。オキサイドメタラジー研究はその後も発展を続け、新しいタイプの酸化物利用鋼が次々に開発された。

溶接が難しい高機能鋼材

溶接性向上を目的に開発した鋼材を除けば、強度、耐腐食、耐摩耗、耐高温劣化などに優れた新開発鋼のほとんどは、溶接が難しくなる。そのため、高機能鋼材が開発されると、それに適応する溶接技術開発が必要となる。鋼材の顧客である造船会社をはじめとする製造業では、鋼材を切断し溶接で製品に組み立てる。従って、鋼材を開発したときには、溶接方法について顧客と一緒になって考えなければならないケースが多い。

自動車産業で用いる溶接法は、特に種類が多い(113頁**図5-2**)。自動車は多くの部品のアッセンブリーであり、部品の溶接にはそれぞれの部品に最適な溶接法が選ばれるからだ。

例えば、外板パネルの接合には1秒程度で接合できる**抵抗スポット溶接**や薄板の溶接に適する**レーザ溶接**、足周りなど強度部材には溶接が強固な**ガスシールドアーク溶接**、ルーフパネルとサイドパネルの接合には**ろう付**、駆動軸には**摩擦圧接**、燃料タンクには水密性に優れた**シーム溶接**が使われる。最近では、板厚、強度、あるいはめっきの種類の異なる材料を適切な場所に配置して溶接一本化してプレス成形する**テーラードブランク***が採用されつつある(**図5-9**)。テーラードブランクの溶接には「レーザ溶接」「プラズマ溶接」あるいは「ガスシールドアーク溶接」が用いられる。

レーザは高エネルギー密度の熱源のため高速の小入熱溶接が可能で、熱影響部で懸念される強度低下が小さい。そのため、レーザ溶接は**ハイテン(高強度鋼)**の強度メリットを十分活かすことができる。

こうした自動車用薄板の溶接は難しく課題も多いため、次のような積極的な溶接技術開発が進められている。

テーラードブランク：洋服の縫製に似ているため、テーラード(仕立て) ブランクと呼ばれる

第 5 章　鉄と鉄をつなぐ

テーラードブランク溶接による自動車外パネルの工作過程　　図 5-9

素材切断

溶接

プレス成形

板厚、強度、めっきの異なる材料を適材適所に配置して溶接し、その後プレス成形する方法。強度が必要な部位には高強度鋼板で薄肉化し軽量化する。

亜鉛めっき鋼板*を**抵抗スポット溶接**で車体に組み立てるとき、めっきの亜鉛とスポット溶接電極の銅が反応して、電極端に硬い黄銅(亜鉛と銅の合金)を形成する。そうすると溶接を繰り返している間に合金層が剥がれ落ちて電極先端が広がってしまい、溶接できなくなってしまう。これを電極寿命(健全なスポット溶接ができる回数、連続打点数で示される)という。このため、めっき層の組織改良が進められている。

また、最近自動車の組み立てに適用が拡大している「レーザ溶接」の際、亜鉛が蒸発して溶接金属に閉じ込められ、気孔を生じて継手強度が不足するため、亜鉛蒸気を逃がす工夫が検討されている。

従来、耐ガソリン腐食とシーム溶接性に優れた「鉛めっき鋼鈑」が使用されてきた自動車燃料タンクは、現在環境対策から鉛フリー化が進められ、**鉛フリー表面処理鋼板***の適用が進んでいる。

さらに、自動車軽量化に貢献する**高強度鋼(ハイテン)**の適用が拡大する中、高強度鋼の溶接部は脆くなることがあるため、これを克服する溶接技術の開発が進められている。

さらに発展を遂げる溶接技術

エレクトロニクス技術の向上によるアーク溶接技術の進歩は著しい。電流電圧を**パルス制御***し、溶滴(121頁図5-7)が絞れようとするときに瞬間的に電流値を変えてピンチ力を高めるなど、溶滴移行の一滴一滴を制御することで、溶接作業性は大きく改善されている。

また、パイプの円周を溶接する場合、下向き、横向き、上向きと溶接姿勢が変わるため、溶接条件の制御が不可欠だ。1万℃の高温アーク下で溶湯池の形状を監視し、その変化を溶接条件にフィードバックすることで溶接欠陥発生を抑える**完全自動溶接技術**が進歩している。

レーザ溶接技術の進歩も、その光源パワーの年々の向上とともに著しい。レーザ溶接は熱源集中度が極めて高いため、高速溶接が可能だが、溶接前に溶接体をぴったり合わせておかねばならない。また、厚い鋼板を溶接すると、金属蒸気が閉じ込められて、溶接部に気孔を生じ欠陥となることもある。

これらの問題を解決するために、アーク

亜鉛めっき鋼板：鉄よりも酸化しやすく溶けやすい亜鉛を被覆することで鉄を錆から守る鋼板。

鉛フリー表面処理鋼板：耐食性と溶接性を向上させる表面処理技術開発により、環境負荷が高い鉛めっきフリー化を実現した鋼板。

パルス制御：パルスは脈拍の意。電流電圧を連続的に流すのではなく、断続的にオン・オフを繰り返し溶滴の大きさや量を制御する。

溶接、レーザ溶接それぞれの特徴を活かした**ハイブリッド溶接技術**(**図5-10**)が開発されつつあり、今後、適用が拡大していくと思われる。

このように発展してきた溶接技術であるが、今後も着実に新技術開発を進めていく。

アーク・レーザハイブリッド溶接 　図5-10

アーク溶接、レーザ溶接のそれぞれの特徴を活かしたハイブリッド溶接技術。

- 溶接ワイヤ
- 溶接トーチ
- 集光レンズ
- レーザビーム
- アーク
- 溶融池
- 母材

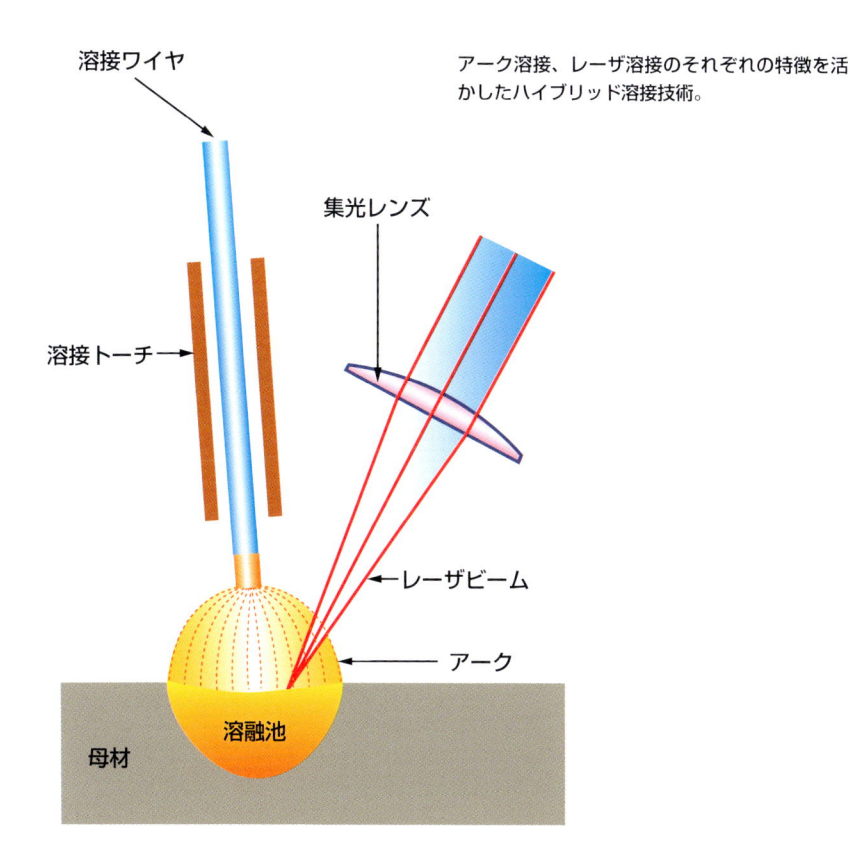

溶接ソリューション 　　　　　　　　　　　　　　　　　　　　図 5-11

造船　橋梁　建築　　　　　　　　　　　　　自動車　家電　容器
建機　重電　鉄道

厚板　鋼管　形鋼　ステンレス　　　　　　　薄板　ステンレス　チタン

顧客への溶接ソリューション

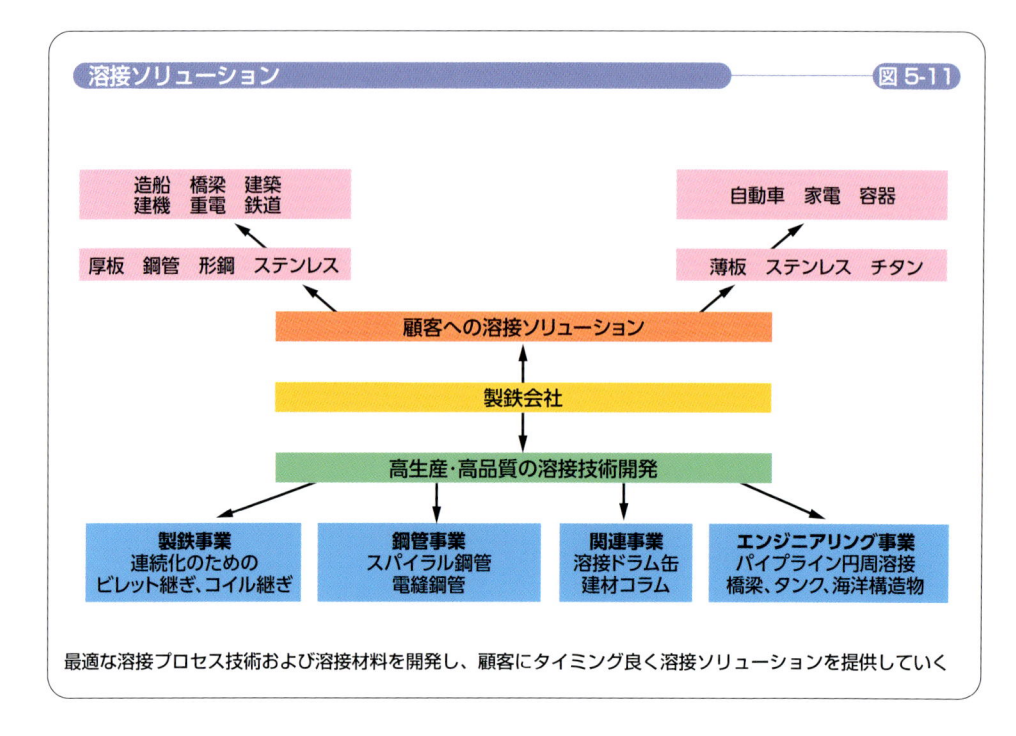

製鉄会社

高生産・高品質の溶接技術開発

- **製鉄事業**
  連続化のための
  ビレット継ぎ、コイル継ぎ
- **鋼管事業**
  スパイラル鋼管
  電縫鋼管
- **関連事業**
  溶接ドラム缶
  建材コラム
- **エンジニアリング事業**
  パイプライン円周溶接
  橋梁、タンク、海洋構造物

最適な溶接プロセス技術および溶接材料を開発し、顧客にタイミング良く溶接ソリューションを提供していく

スパイラル鋼管 　　　　　　　　　　　　　　　　　　　　写真 5-3

写真はスパイラル鋼管。広幅の鋼帯をらせん状に巻いてふちを溶接する大口径鋼管。土木建築用の杭などに使われる。

製鉄業を支える溶接技術

　造船用厚板や自動車用薄板に限らず、鉄鋼製品のほとんどが、製造業である需要家において溶接加工され製品がつくり出されます。

　それらは船舶、橋梁、建築・土木構造物、パイプライン、圧力容器、貯槽、レール、自動車、家電製品、食缶などです。そして、高機能製品になるほど溶接・接合が難しくなるとともに、溶接部の性能がもの全体の性能を決定するようになります。

　鉄鋼メーカーは鉄鋼の需要家に単に鋼材を供給するだけでなく、鋼材に適した溶接技術と溶接材料をパッケージで示す、いわゆる溶接ソリューションの提供が使命となっています。

　鉄鋼製品のうち、鋼管だけが最終製品の形で出荷され、パイプライン、発電所・プラント配管、土木基礎杭などに用いられています。

　鋼管のほとんどは電縫鋼管（電気抵抗溶接）、スパイラル鋼管（サブマージアーク溶接　**写真5-3**）など溶接鋼管で、厳しい世界市場競争に打ち勝つために先端溶接技術開発が必須となっています。

　鉄鋼関連会社でもドラム缶など溶接製品を製造しており、鉄鋼メーカーはエンジニアリング事業部を擁し、パイプライン敷設など溶接が関連する部門が多いのです。一方、製鉄所においては製造ラインの連続化のためにビレットやコイルを高速度で接合する技術が要請されています。

　図5-11に示すように、溶接技術は鉄鋼メーカー本業と関連事業における生産から、需要家での課題解決など溶接ソリューションの提供が重要になっています。そのために、鉄鋼メーカーは溶接プロセス、アークプラズマ物理、溶接力学、溶接冶金学、エレクトロニクス制御の専門家集団を擁し、先端高度技術開発に日夜取り組んでいます。

百合岡　信孝（ゆりおか　のぶたか）
工学博士
元 新日本製鐵㈱フェロー

6

軟らかくて強い、そして錆びない鉄を！

乗用車重量の約70%を占める鉄。ボディ用鋼板からボルトまで、100種類以上の鋼材製品が使われている。中でも最も技術革新が進んでいる領域の1つが「高強度」「加工性」「防錆性」など、さまざまな性能が要求されるボディ用鋼板だ。

そこでは、「高い強度」と「良加工性」といった相反する特性の両立が求められる。「軟らかくて強い鉄への挑戦」では組織制御などの優れたテクノロジーが駆使される。そして、その背景にあるのが「鉄の結晶構造」というサイエンスの世界だ。鉄の性質を変幻自在に変えながら「軟らかいが固い」などの多彩な鉄を可能にする「材質のつくり込み」の科学だ。

鉄はなぜ錆びるのか ——— 地球の空気は21%の酸素を含むため、ほとんどの金属は、大気中の酸素と結びつき酸化物の状態にある。鉄は酸化物である"鉄鉱石"として存在するのが自然の姿だ。その鉄鉱石を炭素（コークス）で還元して"鋼（はがね）"とする。しかし、そのままでは鉄が大気中の酸素と再び結合し、酸化してしまう。この鉄の酸化が錆だ。「錆との戦い」という永遠のテーマに対しては、表面処理技術の開発などの技術革新がその挑戦を支えてきた。

本章では、最先端の鉄鋼製品つくり込みの事例を自動車ボディ用鋼板における「軟らかくて強い鉄への挑戦」と「錆との戦い」に見る。

1 組織制御で材料特性を自在に操る

◎ "曲がるが強い"機能を追求

　自動車ボディ用の鋼板に求められる材質は、1980年頃まで、丸みを帯びたスタイルデザインを可能にする鋼板の軟らかさ、つまり加工・成形性の向上が最大のテーマだった。

　さらには、ボディの外側全体(サイドパネルアウター)を一体で成形しようという過酷な加工・成形ニーズに応えられる軟らかい鋼板が追求された(**図6-2**)。

　1970年代後半からは加工・成形性とともに、薄く、そして強度の高い鉄(**ハイテン材：High Tensile Strength Steel**)が求められるようになった。アメリカの排ガス規制

CAFE＊の実施以降、排ガスによる環境汚染が世界的にクローズアップされ、自動車の燃費向上を図るための車体軽量化が求められるようになったからだ。

　日本でも第2次オイルショックを機に、1980年頃から自動車メーカーによる燃費改善が積極的に進められた。さらに1990年代になると、環境問題に加えて衝突安全性の向上が叫ばれ、材料のハイテン化率は年々上がり、今日に至っている(**図6-1**)。

　"加工・成形性＝軟らかく加工しやすい鉄" "高強度＝薄くても強い鉄"。次に、これらの一見相反する機能を追求し、それを実現してきた材質の科学を紹介しよう。

進化する自動車用鋼板　　　　　　　　　　図 6-1

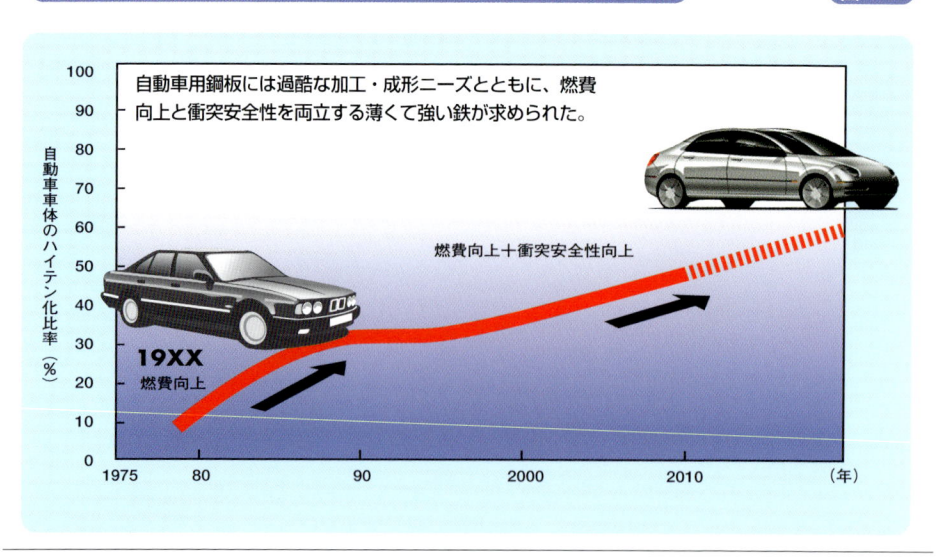

自動車用鋼板には過酷な加工・成形ニーズとともに、燃費向上と衝突安全性を両立する薄くて強い鉄が求められた。

燃費向上＋衝突安全性向上

19XX 燃費向上

縦軸：自動車車体のハイテン化比率（％）
横軸：1975　80　90　2000　2010　（年）

CAFE：Corporate Average Fuel Economy。アメリカの燃費効率改善法案の総称。CAFE 自体は「メーカー別平均燃費」と訳す。

第6章　軟らかくて強い、そして錆びない鉄を！

ハイテン化が進む自動車用鋼板　　図 6-2

現在、車体の4〜6割をハイテンが占めており、外板パネル類（〜440MPa）、足回り類（〜780MPa）、内板・構造部材・補強部材（各種〜1780MPa）などに用いられています。
＊下図は日本での代表的な適用事例を示したものです。

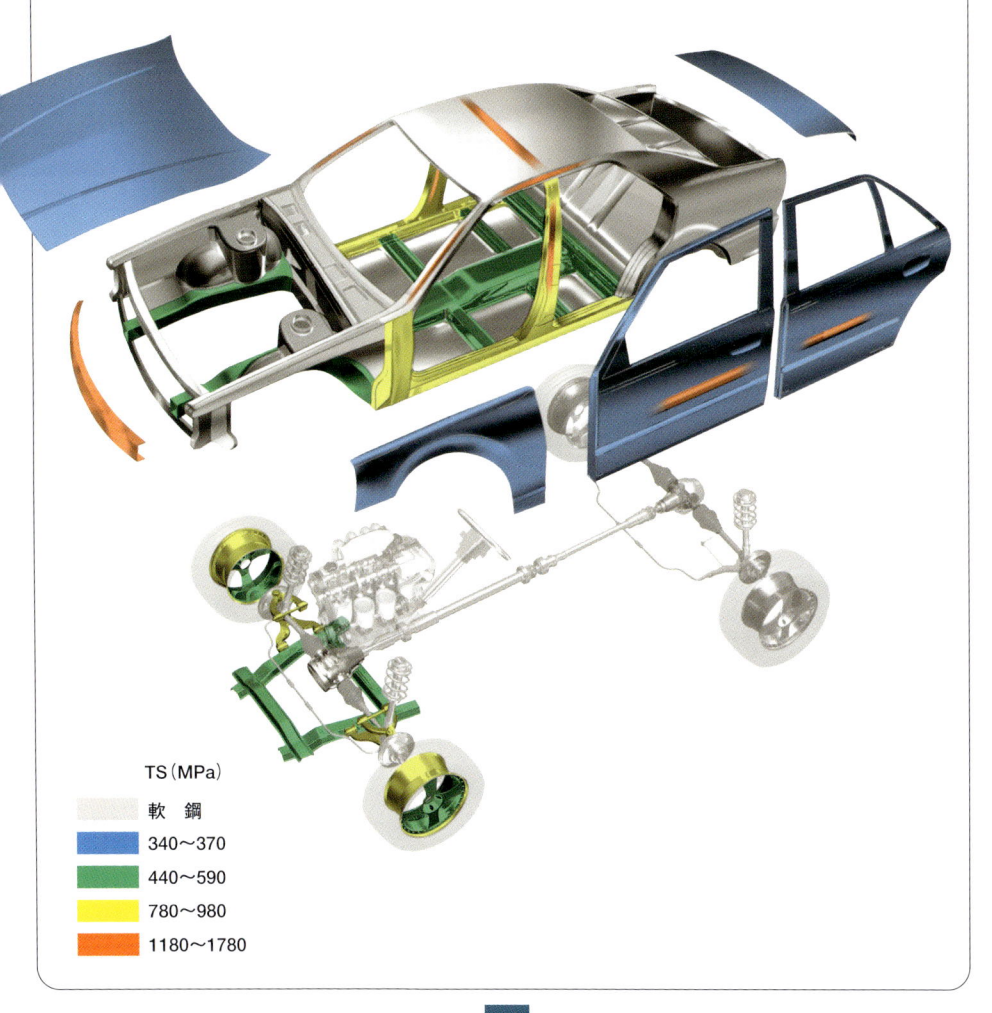

TS（MPa）
- 軟鋼
- 340〜370
- 440〜590
- 780〜980
- 1180〜1780

結晶のズレで変形する鉄

物質を形づくる結晶。通常、結晶は原子が規則正しい配列(格子)をつくって並んでいるが、鉄の結晶はきちんと並んでいない。並び方が乱れた「転位」と呼ばれる部分がある(図6-3左)。実は、この「転位」が鉄の加工・成形に欠かせない役割を果たしている。

鉄を変形させるために力を加えると、構造的に不安定な「転位」が押されて原子のつなぎ替えが起こる。そして、この「転位」がズレて移動していくことで変形していく。もし仮に結晶がきちんと並んで構造が安定していれば、全体を一気にずらす必要があり、一度に大きな力を加えなければ変形させることはできない。

鉄の場合は「転位」が力を吸収しながら移動し、その乱れが伝わり変形していく。この「転位」があるからこそ簡単に変形させることができる。理論的には、安定した結晶構造のものを変形させる力の1000分の1の力で済むといわれる。

例えば、大きな絨毯を移動させようとしたとき、端を引っ張って一度に移動させようとしてもなかなか動かない。しかし、高さ10cmぐらいのたわみをつくり、そのたわみを横にずらして移動させていけば、軽い力で絨毯を動かすことができる。原理はそれと同じだ。実は鉄の加工・成形は、すべ

変形しやすい鉄　　　図6-3

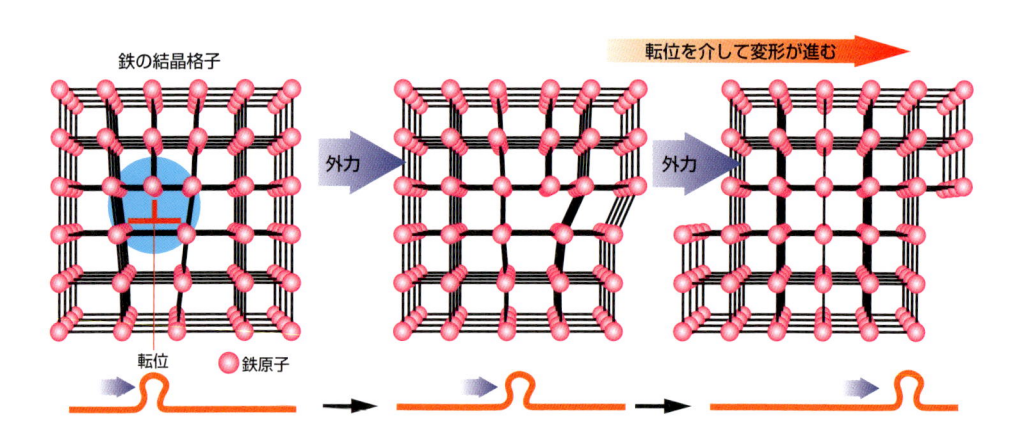

転位を介して変形が進む

鉄の結晶格子　　外力　　外力

転位　　鉄原子

鉄の結晶には並び方が乱れた「転位」があり、外力が加わるとその転位が押されて原子のつなぎ替えが起こる。絨毯をずらすように、その現象が移動していくことによって鉄は変形していく。

てこの「転位」を利用して行われている（図6-3）。

🔵 変形を邪魔する物質を無害化

しかし鋼材はその製造過程で、結晶格子の間に窒素や炭素が入り込み、それが転位部分に集まってくる。変形力を吸収しやすい乱れた部分に埋まることによって結晶構造が安定してしまい、転位が動きにくくなり硬くなってしまう（図6-4）。

常温状態でもそうした現象が簡単に起きることから、たとえ製造直後は軟らかくても製品を輸送して自動車メーカーでプレスする際に硬くなってしまうこともあった。

それをなくすためには鋼材に入り込んだ炭素や窒素を減らすとともに、それらが転位部分に集まらないようにする必要がある。一般的に、炭素の量が多いと鋼材は硬くなる。

自動車のボディデザインの多様化による加工・成形性の向上ニーズに対して、高炉から生まれた銑鉄（炭素を2.0％以上含有した鉄）に含まれる炭素や不純物を、製鋼段階（二次精錬）で徹底的に減らし、チタンやニオブを添加して、鋼材に残った炭素・窒素を化合物に変えて、転移部分への移動を抑えることによって変形が邪魔されない**IF鋼（Interstitial Free：極低炭素）**が開発された（図6-5）。この「IF鋼」の登場によって、過酷な加工を必要とするボディの一体成形が可能

炭素や窒素が入り込み、硬くなる鉄　図6-4

- 鉄原子
- 炭素原子
- 窒素原子

入り込んだ炭素・窒素原子が転位を妨げて硬くなり、加工性を減少させる

化合物をつくって軟らかい鉄に　図6-5

IF鋼

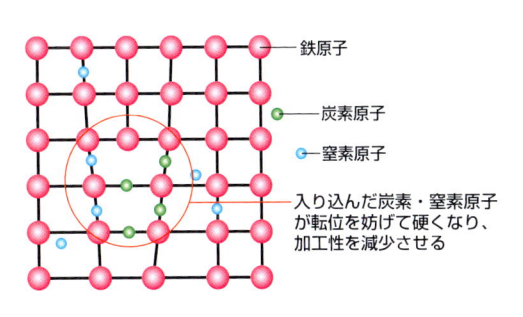

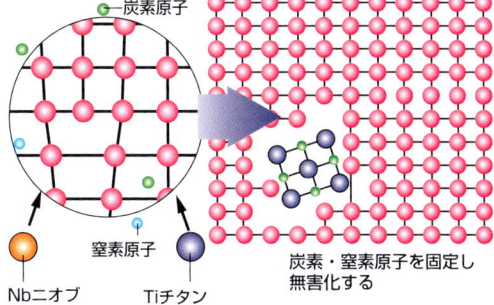

- 炭素原子
- 窒素原子
- Nbニオブ
- Tiチタン

炭素・窒素原子を固定し無害化する

になったのである。

このように、1980年頃までの材質のつくり込みは、鋼材に含まれる炭素・窒素をいかに無害化するかという戦いであり、それが加工・成形性向上のキーポイントとなっていた。

結晶の変化でさらに強い鉄を

強くて硬い鉄(ハイテン材)をつくるためには、逆に、この転位部分を動きにくくしてやればよい。

多量の炭素・窒素を入れる、または転位部分で鉄原子に置き換わるシリコン(Si)やマンガン(Mn)などの元素を入れる(**固溶強化**)ことで、440**MPa***の強度を持たせることに成功した(**図6-6**)。

そして、さらに硬く強くするために、より大きい析出物を入れて転位をさらに動きにくくしたり(**析出強化**、780〜980MPa、**図6-7**)、熱処理を加えて結晶格子を伸ばした(歪ませた)部分に炭素や窒素を多量に入れて硬くする(**変態強化**、1,470MPaまで、**図6-8**)などの材質のつくり込みを実現した。これによってハイテン材の強度は著しく向上した。

転位部分を手押し車に例えると、引っ張るときに小石がたくさんあると動きにくく(固溶強化)、大きな石があると容易に先へ進めず(析出強化)、さらに坂道などの

Siや Mnを入れる ─── 図6-6

— 固溶強化

C、Nなどの侵入型原子を入れる
Mn、Siなどの置換型元素を入れる

さらに大きな析出物を入れる ─── 図6-7

— 析出強化

TiCなどの析出物を入れる

結晶の状態を変える ─── 図6-8

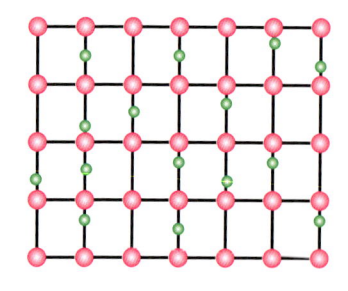

— 変態強化

第6章　軟らかくて強い、そして錆びない鉄を！

悪条件の中で石がたくさんあるとほとんど動けない(変態強化)、といった状態に似ている。

成分・温度の仕掛けで多彩な鋼材を

現在ハイテン化ニーズが高まる中で、強くしながら成形・加工性も向上させる鋼材開発が求められている。この難題への挑戦は、実際の開発商品を例に説明するとわかりやすい。

例えば、DP鋼(Dual Phase＝2相)。その名のとおり、結晶の状態を変えて変態強化した硬い部分と変態強化させていない軟らかい部分を共存させて、プレス成形による変形は軟らかい部分で行うというものだ(図6-9)。同じ鋼材の中で相反する性質を持たせた画期的な商品だ。

またTRIP鋼(Transformation Induced Plasticity)は、力を加えたときに結晶格子が伸びて一瞬変形するがすぐに硬くなる、つまりプレス成形した後にその変形部分が急激に硬くなるというもの。その原理はまず、鋼材を加熱(約900℃)して、常温では存在しない、いわば不安定だが伸びの良い結晶格子(**オーステナイト**＊)にする。その温度をうまく常温にまで下げると、安定した硬い結晶格子(**マルテンサイト**＊)に戻るが、その際

硬い部分と軟らかい部分が共存　　図6-9

— DP鋼

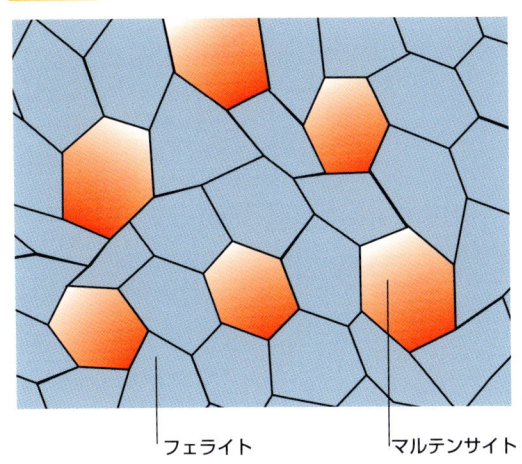

構造が安定した硬いマルテンサイトの結晶。軟らかく変形しやすいフェライトの結晶を共存させて、強くて加工・成形性の良い鋼材を開発。

フェライト　　マルテンサイト

MPa：メガパスカル。引張強さや圧力の単位。N/mm^{2}と同じで、1mm^{2}あたり1N(約0.1kgf)の力が作用する。
1kgf/mm^2=9.8MPa
オーステナイト：炭素を最大2％(1,130℃)固溶した面心立方格子の鉄。
マルテンサイト：炭素を過剰に固溶した体心正方格子の鉄。硬く強度がある。

にすべて元に戻るのではなく、鋼材にオーステナイトが残った状態になる。

そして、その残存したオーステナイトは結晶格子が少し伸縮するだけでマルテンサイトに変わるので、プレスなどの力を加えると、オーステナイトの特性によって一瞬伸びるが、すぐに安定した硬いマルテンサイトに変わり、変形部分の強度が高まる（**加工誘起変態**）（**図6-10**）。

通常は1カ所に力を加え続けると、変形した部分が最終的にくびれて切れてしまう。TRIP鋼の場合は、変形部分がすぐに硬くなるので、周囲に力が伝わり変形が広がっていくという性質がある。それによって硬くても伸びがいい鋼材ができた。

また、衝突の際にボディが破れたり潰れたりしそうになると硬くなって強度が高まることから、衝突安全性においても優れた機能を発揮する。

材質のつくり込みとは、このように添加元素の成分調整や加熱・冷却（温度調整）の仕掛けをつくっていくことで、鉄の性質を変幻自在に変えていくことだ。これがいわゆる鉄の**組織制御**だ。

一瞬変形してすぐ固くなる　　図6-10

― TRIP鋼

○○ オーステナイト　○○ マルテンサイト

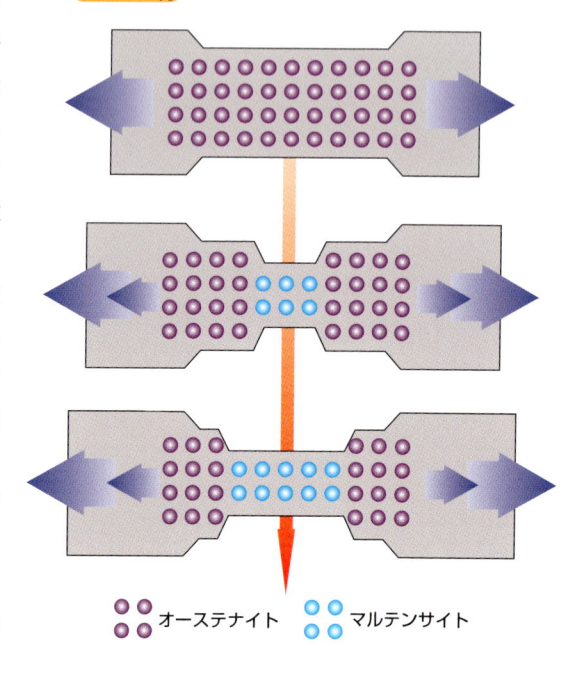

緻密な温度調整によって鋼材内部にオーステナイトを残しておくと、その部分は少しの力が加わるだけで安定した硬いマルテンサイトに変わる。その原理を利用して、加工後、または衝突後すぐに硬くなる鋼材を開発した。

第6章　軟らかくて強い、そして錆びない鉄を！

人と地球を救うハイテン

　自動車の衝突安全規制はますます厳しくなり、今では、64km/hでオフセット衝突事故（真正面から多少ずれて当たる衝突。全面が当たるより厳しいとされている）が起きても、乗っている人の命が守られるようにつくられています。また、側面からの衝突に対しても十分配慮されています。今後、自動車メーカーではさらに厳しい条件にも対応していくものと考えられます。

　ここで活躍するのがハイテンです。薄くて力の強いハイテンを利用して、強く軽い車体をつくり上げているのです。

　ハイテンにもいろいろな種類があります。この章で取り上げた以外にも、塗装の焼付温度で硬くなるハイテン、加熱しておいてプレスと同時に焼入れして硬くするハイテンなどたくさんあります。

　今ではこれらのハイテンを、適材適所で使っています。衝突エネルギーを吸収したい部位には、ここで紹介したDPハイテンやTRIPハイテンを、絶対に壊したくない部位には極めて強度の高い超ハイテンや焼入れハイテンを適用しています。

　ますます求められる高い安全性・・・ハイテンは人の命を救う大切な材料です。

　また、ハイテンは環境への優しさも発揮します。鉄鋼を製造するときのエネルギーは、溶かして固めるまでのエネルギーがほとんどを占めます。したがって、成分の調整と冷却の工夫によってつくるハイテンの製造エネルギーは、一般の鋼板と比べてわずか0.4～0.5％程度の増加で済みます。

　「鉄は熱いうちに打て」。熱いうちは、ハイテンといえども軟らかく、つくりやすいのです。こうして少ないエネルギー増加でつくられたハイテンを利用した時の省エネルギーの効果は抜群です。

　乗用車におけるハイテンの使用比率が今の平均の40％から今後60％までにまで高まると、燃費は約4％向上し、約5600万ギガカロリーのエネルギーが節約できます。これは、日本全体ではガソリン220万キロリットル分にあたり、年間で東京ドーム1.8杯分の節約になります。

　このように、ハイテンは人の命を守り、省エネルギーに貢献する、人と地球を救う優れた材料だと言えます。

　何の気なしに見過ごしている鉄も、その内部では大きな変革を遂げているのです。車を見てもその変化は分かりません。それをお見せできないのが残念ですが、少しでも多くの方に、車に乗るたびに、「この車も強い鉄が使われるようになったんだ」と思っていただければ、鉄をつくり、陰から社会を支えている私たちにとってはこの上ない喜びとなります。

山崎一正（やまざき　かずまさ）
工学博士
元 新日本製鐵㈱技術開発本部 技術開発企画部 部長

2 錆から鉄を守る"めっき"

鋼材の化粧「めっき」の歴史

鉄は大気中では酸化物に戻ろうとする。鉄の酸化である「錆」(**図6-11**)を防ぐために、材料の表面に"化粧"を施すのが**めっき**だ。代表例は鋼板への**亜鉛めっき**である。

その歴史は、イギリスで亜鉛の精錬法が改善され大量生産が可能になり、フランスで亜鉛めっき法が発明された1740年代初頭までさかのぼる。

鋼材はめっき工程にたどり着く前に表面に酸化鉄が生成するため、溶融亜鉛が付着しにくくなる。そこで鋼材表面にフラックス(塩)を塗った後に溶融亜鉛に浸漬する方法がとられた。これが1837年に発明された**フラックス法**で、この方法は現在の溶融亜鉛めっき法の原型となっている。

フラックス法は切り板には適するものの連続的に製造しにくいため、圧延されたコイルを連続的に高温加熱して水素で還元しきれいな表面にする方法が考案された。それが溶融めっきのエポックメイクとなった**連続式溶融亜鉛めっき法(Sendzimir法)**の発明だ(1931年)。日本では1953年から1954年にかけてこのめっき法を導入した。

日本の「めっき」の発祥は？

ところで、日本におけるめっき(鍍金)の発祥は、飛鳥時代における御仏だと言われている。

鉄が錆びるメカニズム　　　　　　　　　　　　　　　　　　　　　　　　　　　**図6-11**

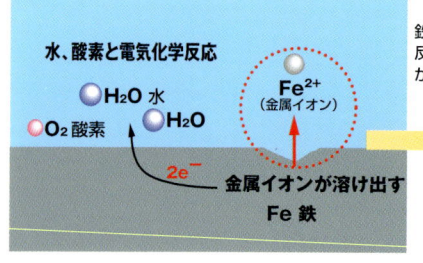

水、酸素と電気化学反応
H_2O 水
O_2 酸素
H_2O
Fe^{2+}（金属イオン）
$2e^-$ 金属イオンが溶け出す
Fe 鉄

鉄と水、酸素が電気化学反応を引き起こし、鉄イオンが溶け出す

さらに反応が進むとその部分に鉄の酸化物($FeOOH$)を生じる。これが錆である。

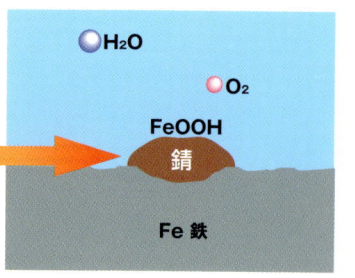

H_2O
O_2
$FeOOH$ 錆
Fe 鉄

第6章　軟らかくて強い、そして錆びない鉄を！

電気がなく、高温を扱うことが容易でなかったこの時代では現在のめっき法は適用できない。当時は常温で液体である水銀と金の合金（アマルガム）を塗った後、加熱して水銀（沸点357℃）だけを蒸発させ金（沸点2170℃）だけを残して金めっき層を生成させた。これが日本におけるめっきの始まりだという。

その後、奈良の東大寺ではめっき用の金が450kg使われるなど、8世紀の平城京における寺社仏閣の建造でもこの金めっき法は多用された。そして、そのときに揮散した水銀によって周辺で健康被害が生じたために、平城京から平安京に遷都されたという説もある。

表面処理の種類

めっきは材料の腐食を防ぐ**表面処理**の1つの方法だ。

表面処理技術には**金属被覆**、**無機被覆**、**有機被覆**、**化成処理**がある。その中で、鉄の防錆に使われる金属被覆の方法としてめっきがあり、**電気めっき**と**溶融めっき**はその代表的な被覆方法だ（**図6-12**）。

表面処理の種類　　　　　　　　　　　　　図6-12

- ●**金属被覆**
  - 溶融めっき（Zn, Al, Pb, Zn-Fe, Al-Zn, Sn, etc.）
  - 電気めっき（Zn, Ni, Cr, Cu, Sn, Au, Zn-X, etc.）
  - 無電解めっき（Cu, Ni, Sn, etc.）
  - ドライコーティング（PVD［蒸着, IP, SP］, CVD）
  - 溶射
  - 浸透処理

- ●**無機被覆**
  - セラミック被覆
  - ガラスライニング
  - ほうろう

- ●**有機被覆**
  - 塗装
  - ラミネート
  - 樹脂ライニング

- ●**化成処理**
  - 化学化成処理（りん酸塩, クロメート, 酸化）
  - アノード酸化（Al, ステンレス鋼, Ti）

そしてその皮膜の種類は、**犠牲防食型皮膜**(図6-13)と**バリア型防食皮膜**(図6-14)に大別できる。鋼材の防錆の場合、前者は、亜鉛やアルミなど鉄よりも酸化しやすく溶けやすい金属を被覆し、その金属が優先的に溶けることで鉄を守るというもの。

後者は、鉛や錫など鉄よりも腐食しにくい金属で被覆し、水と酸素が鉄に到達しないように遮断するものだ。ただしバリア型防食の場合は、皮膜に疵などの欠陥がある

「犠牲防食」のメカニズム　図6-13

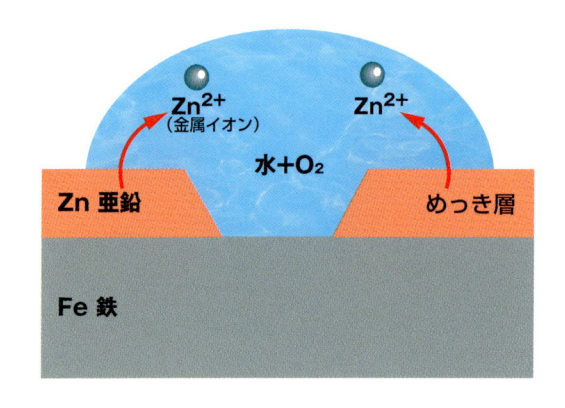

鉄よりも酸化しやすく溶けやすい金属(亜鉛やアルミ)を被覆し、その金属が鉄よりも優先的に溶けることで鉄を守る。

「バリア型防食」のメカニズム　図6-14

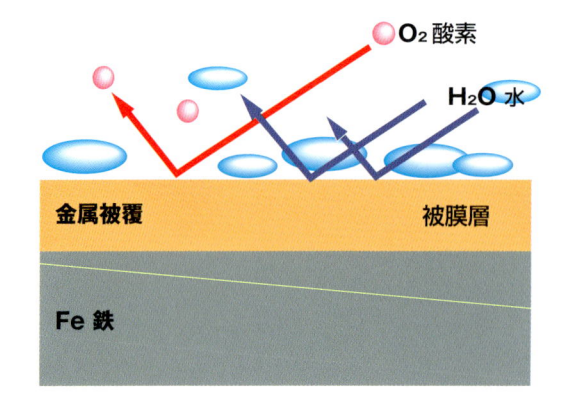

鉄よりも腐食しにくい金属(鉛や錫)で被覆し、水と酸素が鉄に到達しないように遮断する。

第6章　軟らかくて強い、そして錆びない鉄を！

と下から赤錆が出ることから、皮膜の品質管理が重要になる。

亜鉛めっきが多い理由

『貸(そう)かな、まあ、あてにすなひどすぎ借金』。昔は元素のイオン化傾向をこうして覚えた。

カリウム(K)、カルシウム(Ca)、ナトリウム(Na)、マグネシウム(Mg)、アルミニウム(Al)、亜鉛(Zn)、鉄(Fe)、ニッケル(Ni)、錫(Sn)、鉛(Pb)、水素(H)、銅(Cu)、水銀(Hg)、銀(Ag)、白金(プラチナ・Pt)、金(Au)。これは主要な元素を水中で溶け出しやすい(イオンになりやすい)順に並べたものだ。

水素の前に位置するカリウム～鉛は水中に溶け出しやすく(酸化しやすく)、水素より後ろに位置する銅以降は、水素よりも安定なので酸化しにくい。鉄は酸化しやすいグループに位置している(図6-15)。

現在、鋼板のめっきとして**亜鉛めっき**が多用されている理由はまず、亜鉛が鉄よりも溶けやすく鉄を犠牲防食することにある。大気中では亜鉛そのものの腐食速度が鉄よりも小さいため、少ない量で長期的に鉄を守ることができる。溶融めっきにおいては融点が低い(亜鉛419℃、アルミニウム660℃)ので、少ないエネルギーでめっきできる。

また、水溶液中でめっきする電気めっきの場合は、鉄よりも溶けやすい元素の中でも、アルミニウムやマグネシウムなどは水の電

元素におけるイオン化傾向の大小　図6-15

イオン化傾向小
Au 金
Cu 銅
銅は水素よりイオン化しにくい
→安定なので酸化しにくい
H₂ 水素
基準
Fe 鉄
Zn 亜鉛
Al アルミニウム
Mg マグネシウム
鉄は水素よりイオン化しやすい
→酸化しやすい
M^{n+} (金属イオン)
イオン化傾向大

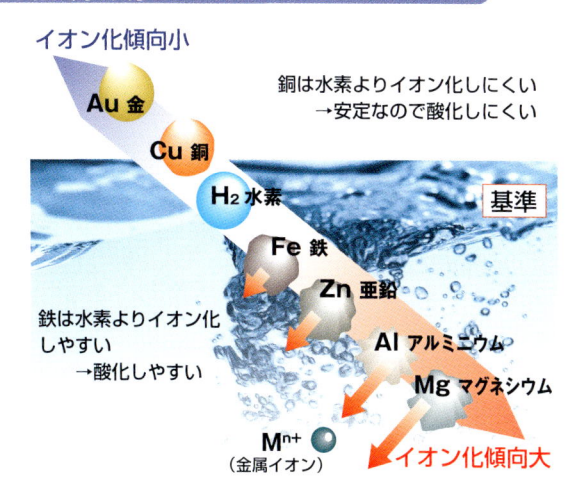

気分解が著しく金属にならないため、めっき材として使うことができない。そうした点からも亜鉛はめっき金属として適している。

"溶融"と"電気"

材料にめっきする方法には、**溶融めっき**と**電気めっき**がある。

"溶融めっき"は、溶けた金属に材料を浸して表面にめっき金属を付着させる。表面をきれいにしてめっきすると同時に、熱処理によって基材の材質(硬さなど)を調整する機能を兼ねている。めっき金属をたっぷり付けられることから、特に錆びやすい使用環境にある鋼材のめっき法として採用されている(**図6-16**)。めっきの厚みは7～40μm

「溶融めっき」の仕組み　図6-16

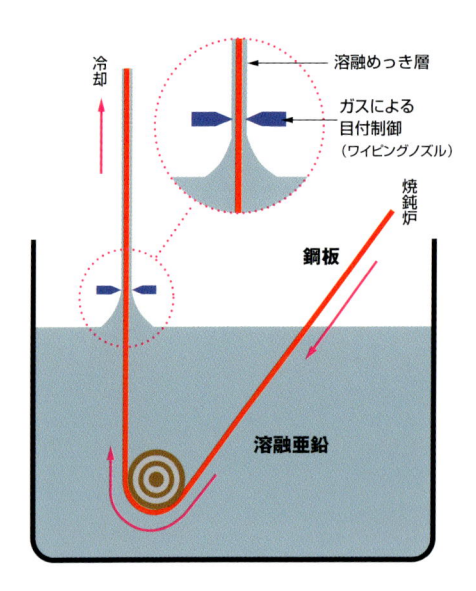

溶けた金属に材料(鋼板)を浸して表面にめっき金属を付着させる。自動車用鋼板、建材などの錆びやすい環境にある鋼材のめっき法として採用されている。

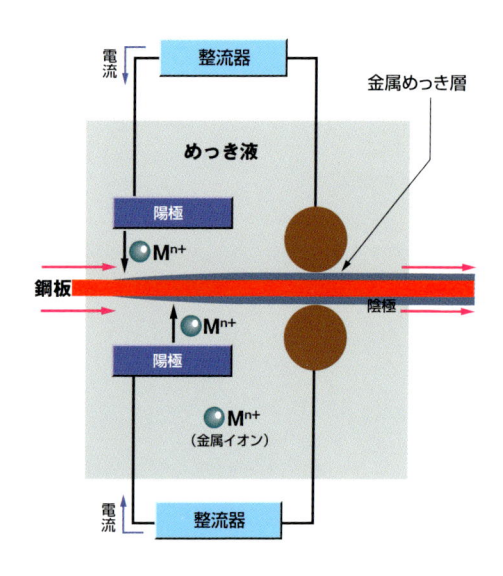

「電気めっき」の仕組み　図6-17

めっきイオンを含む水溶液中をくぐる鋼板の両側に電極を置き、めっき金属を表面に付着させる方法。飲料缶などに使われる錫めっき(ぶりき)などの薄めっきに適している。

連続焼鈍工程：焼きなましを行う工程。鋼材を加熱し所定の温度で均熱処理を行い、その後一定の冷却速度で冷却して鋼材の材質を調整する。

第6章　軟らかくて強い、そして錆びない鉄を！

が一般的だ。

一方、**連続焼鈍工程***で材質調整された後に施される"電気めっき"は、めっきイオンを含む水溶液をくぐる鋼板の両側に電極（陽極）を置いて、めっき金属を鋼板の表面（陰極）に付着させる方法（**図6-17**）。薄めっきに適しており、例えば、容器材の電気錫めっきの厚みは$0.4\mu m$（$2.8g/m^2$）程度だ。

当初、電気めっきは放電の際に原子レベルでイオンから金属になりやすい箇所だけめっきが厚くなる現象が起こり、めっきの均一化が難しかったが、めっき後に錫の融点（232℃）以上に加熱して一度溶かすことで均一化を図ることで、その課題は解決された。

また、飲料缶のもう1つの主要材料である**TFS(Tin Free Steel)** は、錫を使用しない10～25nmの非常に薄いめっきを施したもの。ちなみに、1ナノメートル(nm)は1mの10億分の1だ。

現在では、飲料缶などの容器や屋内で使われる家電製品など、めっき厚が薄いほうが適しているものには「電気めっき」、自動車の車体や燃料タンク、建材などのように腐食環境が過酷なうえ長期の防錆効果が求められるものには「溶融めっき」といった使い分けがされている。

高速で均一な溶融めっきを

では、めっき法の中でも、厚めっきを容易に付けられることから特に防錆効果の高い「溶融めっき」にスポットを当て、**自動車車体用防錆鋼板**を代表例として技術的なポイントを解説しよう。

自動車の防錆は1つの技術だけで達成しようとするとコスト高になるため、めっき鋼板、水が溜まりにくい構造（設計）、塗装、局部を防錆するシール材・ワックスの組み合わせで行われる。めっき鋼板は塗装が付きにくい部位やユーザーの目に直接触れる外面の防錆に特に有効であることから、自動車への適用が急速に増加した。

「溶融めっき」の第1の課題は、高速（現在は約9km/h）で均一なめっきを被覆することだ。高速であれば生産性が高まる。"溶融めっき"では、どぶ漬けで付着した亜鉛めっきに窒素ガスを吹き付けて製品に必要なめっき量に制御している。高速化すると鋼板の幅方向や長手方向のめっき量を均一にすることが難しい。

日本製鉄では、窒素ガスの量・吹き方をはじめ、付着量を精密にコントロールする諸技術を開発し、こうした課題を克服している。

🔵 主流となった合金化処理

　もう1つのポイントは、溶融亜鉛めっきの使用性能をさらに高め、自動車メーカーで使いやすくする目的で開発された**合金化処理**にある。

　自動車用鋼板はボディをはじめとするさまざまな形状にプレス成形されるが、強い圧力をかけるとプレス成形用の金型に亜鉛が付着し摩擦抵抗が大きくなってしまう。

　そこで、使用性能をさらに高めてユーザーにとって使いやすくするため、亜鉛めっき直後に鋼板を加熱してめっき層の中に母材である鋼板の鉄分を拡散させ亜鉛-鉄合金をつくることにより、プレス成形性を高めた**合金化処理溶融亜鉛めっき鋼板**(**GA**)を開発した。GAは、めっき層に鉄が加わることで溶接性も高まることから、現在日本の自動車車体用材料の主流となっている(図6-18)。

　自動車の防錆技術を世界的に見ると、ヨーロッパを代表とする自動車メーカーでは、亜鉛と鉄を合金化させていない**溶融亜鉛めっき鋼板**(**GI**)が主流だ。

　もともとヨーロッパは局部防錆によって錆を防ぐ考え方が主流だったが、1990年代後半から、孔あき12年保証(12年間孔あきなし)が求められる中で、塗装や局部防錆だけでは対応しきれなくなった。その結果、亜鉛めっき鋼板の使用が急速に進んだ。当初は厚目付けの電気めっきだったが、その後さらなる経済性を志向してGIに移行した。その際に、ヨーロッパではGAがまだそれほど進歩していなかったという背景がある。

　一方、日本では自動車メーカーの使いやすさを追求したGAが主流になった(図6-19)。

　使いやすいGA。実はそこには大きな壁が立ちはだかっていた。合金化処理の際、めっき層の鉄の濃度が高くなると、硬くなり、その結果脆くなってめっきの密着性が低下してしまうのだ。

第6章　軟らかくて強い、そして錆びない鉄を！

図 6-18 性能を高め使いやすさを追求した合金化処理のプロセス（概念図）

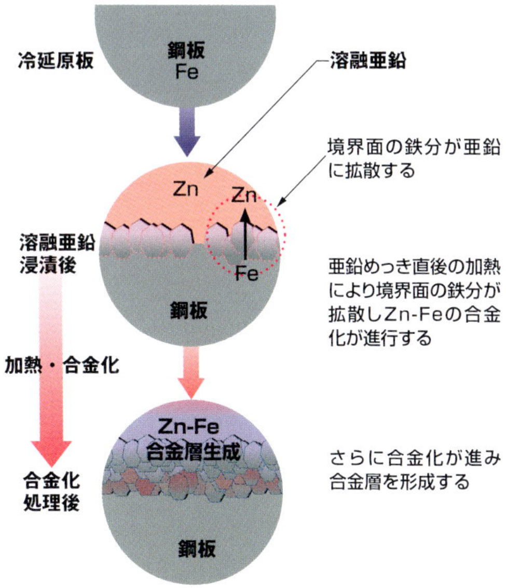

- 冷延原板：鋼板 Fe
- 溶融亜鉛
- 溶融亜鉛浸漬後：Zn／Fe　境界面の鉄分が亜鉛に拡散する
- 亜鉛めっき直後の加熱により境界面の鉄分が拡散しZn-Feの合金化が進行する
- 加熱・合金化
- 合金化処理後：Zn-Fe合金層生成／鋼板　さらに合金化が進み合金層を形成する

図 6-19

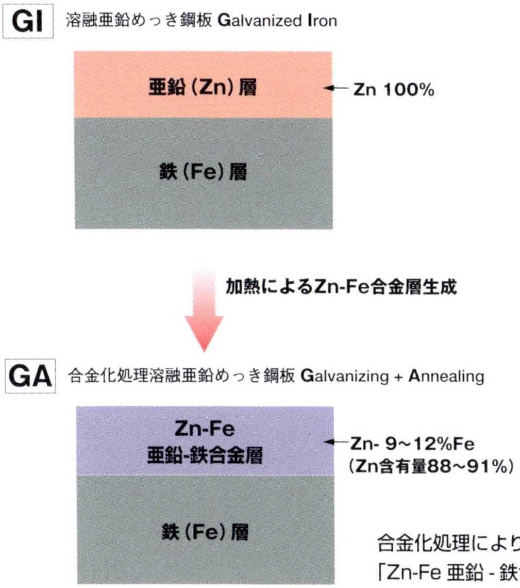

GI 溶融亜鉛めっき鋼板 Galvanized Iron
- 亜鉛（Zn）層 ← Zn 100%
- 鉄（Fe）層

加熱によるZn-Fe合金層生成

GA 合金化処理溶融亜鉛めっき鋼板 Galvanizing + Annealing
- Zn-Fe 亜鉛-鉄合金層 ← Zn- 9〜12%Fe（Zn含有量88〜91%）
- 鉄（Fe）層

合金化処理により硬くてプレス成形性の良い「Zn-Fe 亜鉛-鉄合金めっき層」がつくられる

3 "総合技術"で成り立つ表面処理

厚目付けGAが登場するまで

鋼板の防錆めっきに使われる「亜鉛」は、金属元素の中では比較的軟らかい金属だ。

純金属の亜鉛をめっきした**溶融亜鉛めっき鋼板**（**GI**）では、自動車メーカーが鋼板を車体形状にプレス加工する際に亜鉛が金型に付着しやすい。亜鉛が金型に付着すると、めっき鋼板と金型との**摩擦係数**＊が大きくなる。その結果、鋼板が金型の中に移動しにくくなるため、複雑な形状の車体を成形できなくなる。

また、自動車車体の塗装に疵がついたとき、GIでは亜鉛の腐食が速いため、塗膜が膨れて外観を損なうという課題を抱えていた。

そうした課題を克服するために採用されたのがGAだ。本章2で説明したように、GAは溶融亜鉛めっき直後に加熱し、母材の鉄を亜鉛めっき層に拡散させて亜鉛-鉄合金を生成させた防錆鋼板（亜鉛－鉄合金めっき）。めっきとしての防錆性能を持ちながら、自動車メーカー側での優れた「プレス成形性」「溶接性」「塗装耐食性」を実現した画期的な商品だ。

防錆ニーズと防錆鋼板の歴史　　図6-20

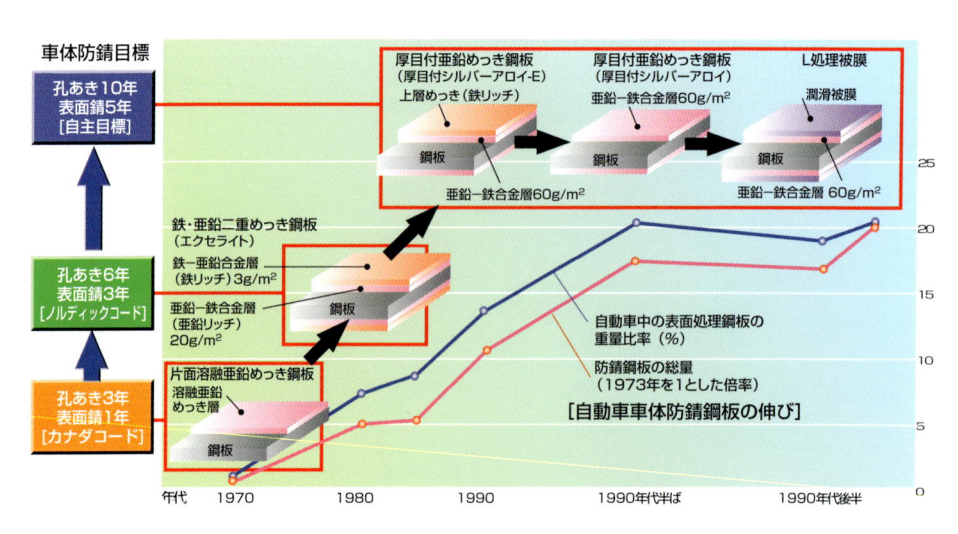

これまで車体防錆ニーズに応える「錆との戦い」の中で、さまざまな商品が開発されてきた。現在、「プレス成形性」「溶接性」「塗装耐食性」に優れ、日本製鉄が得意とする「GA」が日本の自動車用防錆鋼板の主流だ。

第6章　軟らかくて強い、そして錆びない鉄を！

現在GAは日本の自動車用防錆鋼板の主流となっているが、ここに至るまで、錆との戦いの中でさまざまな商品が開発されてきた。

1970年代後半、［表面錆1年－孔あき3年］を性能要件とする**カナダコード***が出された。これをきっかけに、自動車車体防錆強化の歴史が始まった。最初に登場したのが、溶接性・塗装性を両立した**片面溶融亜鉛めっき鋼板**（外板の内面側だけを防錆処理した鋼板）だ。

1980年代中頃、性能要件を［表面錆3年－孔あき6年］に延ばした**ノルディックコード***が出され、鋼板外面の防錆効果を向上させる両面めっきが必要になった。当時の自動車メーカーでの生産技術を考慮して、日本製鉄はめっき厚みが薄くてもノルディックコードを満たす"2層の両面亜鉛－鉄合金電気めっき鋼板"を開発した。1980年代後半、［表面錆5年－孔あき10年］が北米自動車メーカーでの保証期間の目標値とされ、優れた防錆効果と加工性を実現した**厚目付けGA**が国内では採用された。

当初、厚目付けGAは2層構造だった。防錆性を高める厚目付けの亜鉛めっきの上層に、プレス成形性・塗装性を高めるため、鉄濃度の高い合金めっきを施していた。日本製鉄ではその後、上層めっきがなくても使いやすい"良いGA"を開発し、現在に至っている（**図6-20**）。

🔵 "良い"GAとは？

厚目付けGAをつくること自体はそれほど難しくはない。

では何が難しいのか。それは、防錆性能、プレス成形性、めっき密着性に優れた"良いGA"をつくることであり、そこに高いハードルがある。

"良いGA"とはどんなGAなのだろうか。答えは、"客先で使いやすいGA"である。使いやすいとは？　まず、プレス加工しやすいGAだ。

自動車の車体は鋼板をプレス成形することで設計された形状に作られる。車体の複雑な曲面を美しく仕上げるためには、金型に沿ってしなやかに変形することが必要だ。鋼板と金型との摩擦抵抗が小さい一方で、厳しい加工を受けてもめっきがはがれないGAでなければならない。

また、自動車の組み立てで多用されるスポット溶接（抵抗溶接）では、溶接できる電流範囲が広く、溶接用の電極が長持ちするGAが使いやすい。

摩擦係数：2つの物体が接して運動するときの両面間に生じる摩擦力と、接触面に直角にかかる力との比率。率が低いほど摩擦が少なく滑りやすい。

カナダコード、ノルディックコード：カナダ（1978、1981年）や北欧5カ国（1983年）では自動車車体の防錆品質の基準として防錆コードが示された。これを契機に、自動車メーカー各社によって防錆保証期間が設定・強化された。

こうしたGAをつくるための技術的なポイントは、①必要なめっき量を、鋼板表面に均一に被覆する制御技術と、②鉄と亜鉛の合金化を適正にコントロールする技術にある。

GAは亜鉛中に鉄を拡散させることで製造されるので、めっきが厚いほど高温で長時間、合金化する必要がある。このため、合金化の制御が難しい。合金化の過程では、鋼板表面から亜鉛と鉄の結晶が亜鉛めっき層に成長するため、鋼板に近い部分で鉄濃度が高く、めっき表面の鉄濃度は低い構造になる。

十分に加熱されないGAではめっき中の鉄濃度が小さく、めっき表面には軟らかくて金型と凝着しやすい相（ζ相と呼ばれる$FeZn_{13}$化合物）が多く存在する。このため、めっきと金型の摩擦抵抗が大きくなり（**フレーキング現象**）、ついにはプレス加工での変形に追従できず、鋼板が破れてしまう場合がある。つまり、加熱が不十分なGAはプレス成形性が足りない。

反対に、加熱し過ぎてめっき中の鉄濃度が大きくなりすぎると、硬くて脆い、つま

「めっき層中Fe濃度」と「プレス成形性・めっき密着性」の相関グラフ　　図6-21

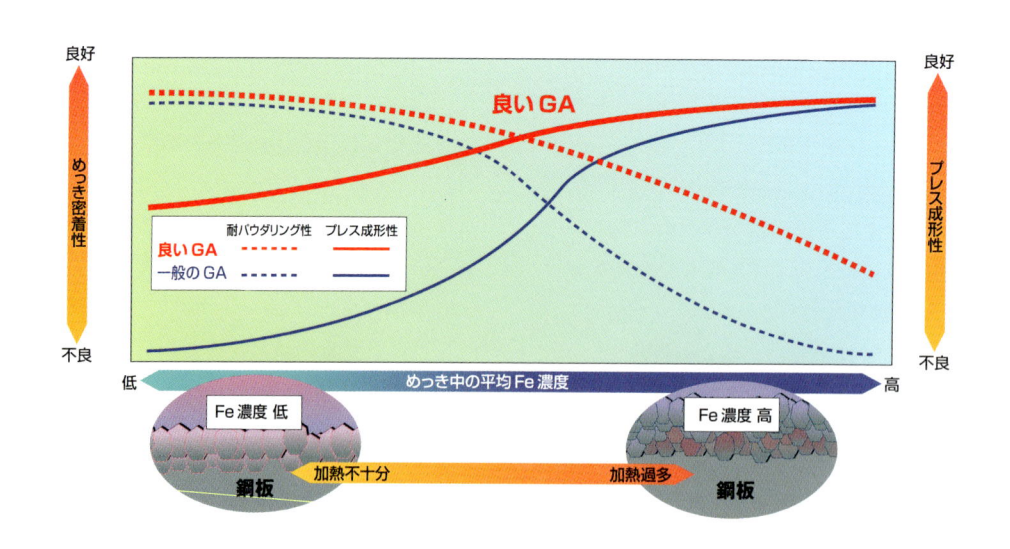

「プレス成形性」と「めっき密着性」を同時に満足できる「良いGA」は、めっき中の鉄と亜鉛が適切に合金化された「良い合金相」からなる。

第6章　軟らかくて強い、そして錆びない鉄を！

り割れやすい相（Γ相およびΓ₁相とよばれるFe₃Zn₁₀およびFe₅Zn₂₁化合物）がめっきと鋼板の界面に厚くできてしまう。この化合物は硬くて脆いので、プレス加工で変形を受けると化合物自体が割れてしまい、めっきが鋼板から剥離し、脱落してしまう（**パウダリング現象**）。すなわち、加熱し過ぎたGAはめっきが剥離しやすい（図6-21）。

プレスしやすく、めっきがはがれにくい良いGAとは、摩擦抵抗を大きくするζ相や、めっきをはがれやすくするΓ相およびΓ₁相を含まないGAだ。そのGAはプレス成形性（小さい摩擦抵抗）とめっき密着性を同時に満足できる、良い合金相（δ相とよばれるFeZn₇化合物）から成る。

🔵 GAは"ビーフステーキ"？

次に、"良いGA"をつくるために、どのような技術が求められるのかを探ってみよう。

通常、「溶融亜鉛めっき」を高温で加熱し続けると、鉄がめっき中に拡散し続け、最終的には平均組成が鉄98%、亜鉛2%の鋼板になったところで安定する（定常状態）。実は、GAは、この定常状態になる、はるか前で亜鉛と鉄の反応を止めることで製造されている。言わば合金化を"中間段階"にコントロールしている。

亜鉛と鉄の合金反応は、主に、①鋼板に含まれる化学成分、②めっき浴中のアルミニウム濃度（鉄と亜鉛の合金化のタイミングを制御するために、アルミニウムを添加）、③合金化のための「加熱条件（温度・時間・加熱速度）」の3つによって変化する。GAの性能は加熱の仕方によって大きく変化するので、加熱合金化をきめ細かく制御して製造することが重要だ。

GAの加熱・合金化をビーフステーキにたとえてみよう。生の牛肉を長時間焼き続けると炭になってしまう（定常状態）。ステーキはこの定常状態のはるか前で、肉を焼くのを止める（反応を止める）。肉の焼き加減によってレア、ミディアム、ウェルダンといった異なる味や食感を生み出すことができる。

例えば、美味しいレアは、表面を強火でさっと焼くことで肉の旨みを閉じ込めたらすぐに火を止め、その後の伝熱で中まで熱を通すことによってできる。弱火でゆっくり焼いていては、美味しいレアはできない。GA合金化の温度制御はステーキの焼き方と似ている。"焼き方"によって、GAの形態と性能は大きく変化する（次頁図6-22）。

高周波電流＊で鋼材内部に誘導電流を起こして鋼板を内部から加熱してめっきを合金化する**誘導加熱方式**や、めっきの合金化度合いをモニタリングしながら合金化温度

高周波電流：一般の電源周波数（50/60Hz）に比べて周波数が高い交流。高周波電流の近くに鋼板を置くと、鋼板内部に発生する渦電流によって鋼板が加熱される。家庭用のIH調理器も同じ原理。

を精密にコントロールする技術で、めっき成分と微妙な合金化条件が最適範囲に制御され、めっき密着性に優れ成形もしやすい"良いGA"がつくり続けられている(**図6-23**)。

ニーズに応えた「L処理」

こうした"良いGA"のエポックメイクが、厚目付けGAのプレス成形性をさらに高め、その性能を飛躍的に向上させた**L処理（潤滑皮膜付めっき）**技術だ。1990年代中頃に開発されたこの技術は、非常に薄い(7nm：ナノメートル(nm)は1mの10億分の1)、マンガンと燐の酸化皮膜をGAの表面にコーティングすることにより、めっき表面と金型の接触をなくして摩擦抵抗を小さくするもの。酸化物と金属が"くっつかない"という特性を利用している(**図6-24**)。

この酸化皮膜は、液体のように軟らかい性質を持った非晶質（結晶化されていないアモルファス）であるため、伸びが良い。従って、自動車車体製造のプレス工程でGAの表面に非常に大きな圧力をかけ、変形させても、プレス工程の最後までめっき表面を覆い続け、めっきと金型が直接接触するの

図6-22

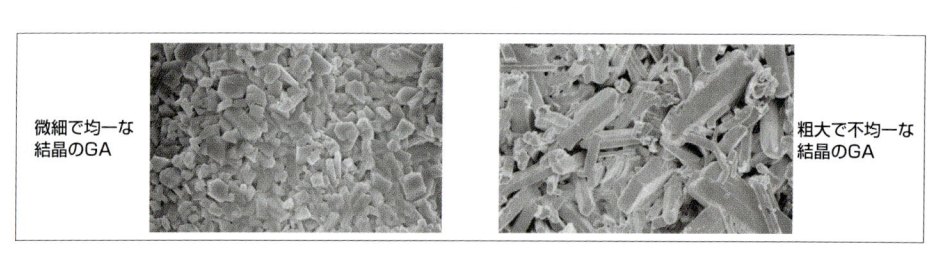

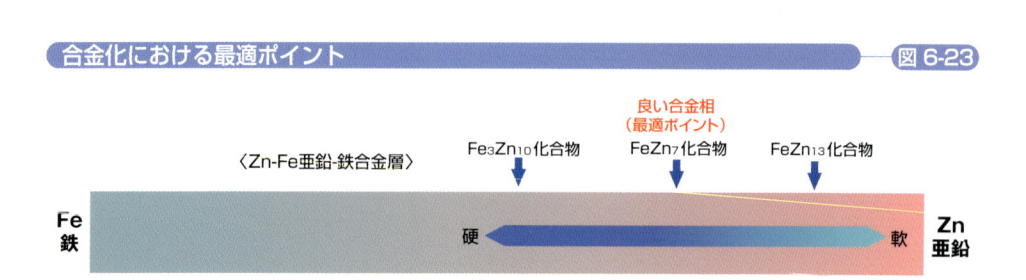

微細で均一な結晶のGA

粗大で不均一な結晶のGA

合金化における最適ポイント **図6-23**

〈Zn-Fe亜鉛-鉄合金層〉

Fe$_3$Zn$_{10}$化合物　　FeZn$_7$化合物（良い合金相 最適ポイント）　　FeZn$_{13}$化合物

Fe 鉄　　硬 ← → 軟　　Zn 亜鉛

第6章　軟らかくて強い、そして錆びない鉄を！

を抑止できる。従って、めっきと金型の摩擦抵抗を小さいまま保持できるのだ。

過酷なプレス加工の際、一般的に用いられる潤滑油では、金型とGAの間に油が保たれずに、金型とGAが直接接触してしまう。油は多量にないと潤滑効果が発揮されないのに対して、L処理は油の量に関わらず摩擦抵抗が小さい（**図6-24**）。この**アモルファス***のコーティングであるL処理皮膜は、加工時にちぎれても皮膜自身が変形しながら金型とGAとの間に介在し続けることで潤滑性を保つため、自動車メーカーでのプレス成形性を飛躍的に向上させた。

「L処理」が自動車メーカーから評価されたポイントは、もう1つある。それはプレス、溶接、脱脂、化成処理、塗装といった自動車の製造工程において、「溶接性」や「塗装性」など他の必要性能にはまったく影響を与えずに「潤滑性」「プレス成形性」だけを飛躍的に向上させた点にある。

自動車の製造工程に影響を与えない使いやすい皮膜を実現した「L処理」は、1995、96年頃から実用化され、現在ではGA用の潤滑皮膜において圧倒的なシェアを誇る。2003年、**（社）表面技術協会***の技術賞を受賞した。

L処理のプレス成形性向上メカニズム　　図6-24

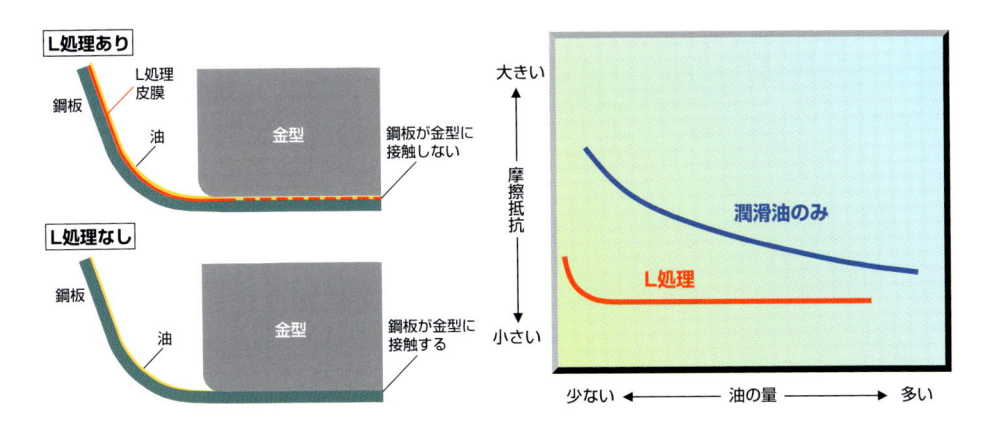

鋼板の表面に酸化皮膜をコーティング（L処理）することにより、めっきと金型の直接接触を防ぐため、自動車メーカーでのプレス成形性が飛躍的に向上した。GA用の潤滑皮膜において圧倒的なシェアを誇る。

アモルファス：「無定形」の意味で、原子が液体のように不規則に並んでいる固体状態。普通の固体は原子が規則的に並んだ「結晶」である。（6章1を参照）

（社）表面技術協会：1950年設立。めっきや化成処理、塗装、研磨など、材料の表面処理技術の進展に寄与する目的で設立された。

これからの"錆との戦い"

表面処理鋼板には、防錆性に加えて、プレス成形性や溶接性、塗装性などさまざまな性能が求められている。メタラジーに加えて、電気化学、薄膜工学、塗装工学、界面工学、化学工学、腐食科学、熱技術、そして合金化制御（拡散）技術といったさまざまな要素技術が集積された総合技術だ（図6-25）。

言い換えれば、どれか1つの要素技術が欠けてもユーザーに満足される製品とはならない。これらの各種要素技術を自在に操り、ユーザーの要求性能に合致した製品開発を進めることが大切だ。

では、今後の方向性はどのようなものだろうか。

めっき金属として使われる亜鉛は限りある資源であり、将来的には亜鉛に替わるめっき材料の開発が求められる。

日本製鉄では「防錆」だけでなく、積極的な機能との複合化、高付加価値化にも取り組んでいる。例えば、電子機器のCPUの高速化が進む中で熱に弱い電子機器に適した「吸熱性」、汚れが付きにくい「耐汚染性」、過酷な使用環境下における「耐磨耗性」などがその一例だ。

これまで表面処理は、錆を防ぎ、鉄の使用環境を広げるために使われていたが、今後は、"鉄と他素材のハイブリッド製品""高機能表面を搭載するのにふさわしい素材としての鉄"といった発想も生まれてくるだろう。

図 6-25

化粧から機能へ

　2003年に日本で生産・出荷された表面処理鋼板の量は、1698万トン（出典：(社)日本鉄鋼連盟　鉄鋼需給統計資料）でした。これは、過去最多の生産・出荷量です。この量を厚み1 mmの鋼板の面積に換算すると、2165 km^{2}になります。神奈川県の全域をほぼ覆うことができる面積です。

　また、厚み1 mm、幅1.5 m（東海道新幹線のレール幅（1.435m）にほぼ等しい）のコイルに換算すると、その長さは144万kmになります。これは東京-新大阪間の1,303往復に等しい長さなのです。

　今日の表面処理鋼板は、日本国内だけでもこれだけ多量に生産され、お客様（当社のお客様および消費者の皆様）にご愛用いただいています。

　本章では主に、自動車の車体を腐食・錆から防ぐための表面処理鋼板について述べました。この他に、自動車の他の部品、AV機器・冷蔵庫・洗濯機などの家電製品、複写機や大型プリンタなどのOA機器、屋根や壁に代表される住宅・建築用素材、コーヒー缶・お茶缶に代表される飲料缶・食缶などには、さまざまなめっきや有機被覆を有する表面処理鋼板を、非常に幅広く、多量にご使用いただいております。この点において、表面処理鋼板は現代社会の豊かで快適な生活を陰で支えている、といえます。

　表面処理鋼板がさまざまな分野でご愛用いただけているのは、第1には安価で信頼性が高い構造用材料である鋼の腐食を防止し、長期間にわたって信頼して使用できる製品・構造物を構成できることにあると考えております。しかし、今日の表面処理鋼板に求められる性能は、単に鋼の錆や腐食を防止するだけの機能ではありません。

　今後は、電子機器の熱対策に有効な"吸熱・放熱性に優れる鋼板"、汚れがつきにくい/落ちやすい"耐汚染性・防汚性鋼板"、さまざまな使用環境（高温、多湿：高生産性、低コスト）で要求される使用性能を満足できる鋼板、などの必要性がますます高まると予想されます。

　これまで表面処理は、「鋼板/鋼材の錆を防ぐこと」を主な目的としてきました。鋼板/鋼材を使うために表面処理があったのです。しかし今後は、表面処理のさまざまな機能を使うための素材として鋼板/鋼材が選ばれる、という時代になる、と考えています。そのためには、"高機能を有する表面を搭載するのにふさわしい素材としての鋼板/鋼材"という観点からの素材開発が必要になるでしょう。

宮坂　明博（みやさか　あきひろ）
工学博士
元 新日鉄住金㈱副社長

7

鉄に願いを

私たちの生活にとって、重要な役割を果たしている鉄。そして、とても身近な存在である鉄。歴史、科学、工芸、芸術等のさまざまな分野で、活躍の原点を鉄に見出し、その鉄の魅力に迫ることをライフワークとしている人たちがいる。そのような人々の「鉄に願い」を込めたメッセージを最終章でお伝えする。

※ 本章の記載内容は、取材当時のものです。

韓日アイアンロードの絆（きずな）をさらに強いものに

POSCO
人材開発院教授
李寧熙さん

アイアンロード
塩州
土門
（豆満江河口）
高句麗
咸興
新羅
高句麗アイアンロード
百済
扶余
浦項
新羅アイアンロード
隠岐
敦賀
金海
慶州
出雲
伽耶
対馬
福岡
壱岐
伽耶・百済アイアンロード

猿投（サナゲ）神社（愛知県豊田市）本殿前にて
「サ」は「鉄」、「ナゲ」は「出し」あるいは「出すように」という意味の古代韓国語。猿投山は、かつて「鉄を出していた山」で、古代、鉄の精錬所があったと言い伝えられる。この神社では左鎌を奉納する信仰がある。

古代韓国語では「サ」「シ」「ス」「セ」「ソ」はいずれも鉄を意味しました。たとえば新羅（シンラ）は「シ＝鉄」の「ラ＝国」ですし、日本の地名でも信濃（シナノ）は「シ＝鉄」が「ナ＝出る」「ノ＝野」ということになります。

　4～5世紀の頃、全盛期の高句麗は今の中国東北部一帯を占めていて新羅の都であった慶州（キョンジュ）の近くまでその領土を広げていました。その後、新羅は伽耶を合併、伽耶の鉄の文化を吸収、強力な国力を持つにいたり、ついに百済と高句麗まで滅ぼすこととなりました。

　これらの4つの国はそれぞれ鉄の文化を持っていました。高句麗の強さは、刀、矛、弓矢などの武器もさる事ながら、鉄の車輪を持った馬車で移動したことにあります。丈夫な馬車による物産の移動が高句麗の国力を支えていました。高句麗の鉄は韓半島の耳端にあたる土門（トムン）または北東海岸の咸興（ハムフン）から船出し敦賀に至りました。これが「高句麗アイアンロード」です。

　また、慶州の東玄関であった浦項（ポハン、現在POSCO所在地）を経て東進すると隠岐島に着き、そこから南下して出雲にいたる海の道、これが「新羅アイアンロード」です。釜山の金海（キメ）から対馬を経て福岡に向かう「伽耶・百済アイアンロード」もありました。紀元前から鍛冶の技術は韓半島から日本に入っています。カラカヌチといいますが、吉野ケ里の遺跡でも鍛冶の存在が認められます。

　本格的な製鉄は6世紀初めに伝えられました。金海から出航し対馬海流に乗るとすんなりと島根半島や若狭湾に着きます。日本には鉄が豊富で、気候が温暖、お米もとれるので韓国人にとって非常に魅力的なところだったと思われます。釜山から対馬はわずかに53キロメートルしか離れていません。人間は見え

韓国国宝「迎日冷水里新羅碑」
（慶尚北道浦項市北区神光面土城里）の前で
現存する新羅最古の石碑。冷水里（地名）における「財物＝鉄」をめぐる紛争に関する記述がある。権力者に追われた新羅男は、やむなく、当時の最先端技術である製鉄技術を持って海を渡り、日本で大いに優遇され、「神」と崇められたと考えられる。(503年)

るところには必ず行くものなのですね。

　古代の製鉄には、松脂が多く火力の強い赤松が必要でした。鉄を作るときには火力の強い赤松から作った炭が適していたのです。『古事記』、『日本書紀』には鉄の神様であり、今で言えば製鉄技術者であった須佐之男命（スサノオノミコト）が韓国から木の種を持ってきて植えたという記述がありますので、赤松は韓国から日本に伝わったと推定されます。赤松は韓国の気候風土に合っていますから韓国の赤松は元気に育っていて、松茸もたくさん採れます。

　日本が繁栄した時代は、日韓両国が仲良かった時代です。古くからアイアンロードで結ばれた両国の絆が、これからもさらに強くなっていくことを願ってやみません。

李 寧熙　イ・ヨンヒ
東京生まれ。1944年父母と祖国韓国に帰る。梨花女子大学英文科卒。韓国日報文化部長、国会議員、公演倫理委員会委員長などを歴任し、POSCO人財開発院教授。「大韓民国児童文学賞」「大韓民国教育文化賞」「馬海松童話賞」「小泉文学賞」など受賞。日本における著書に「もう一つの万葉集」(文藝春秋)「日本語の真相」(文藝春秋)「もうひとりの写楽」(河出書房新社)など8冊がある。また李寧熙さんが責任編集している後援会会報「まなほ」が定期刊行されている。

鉄に願いを

たたらを現代に

たたら吹きの炉

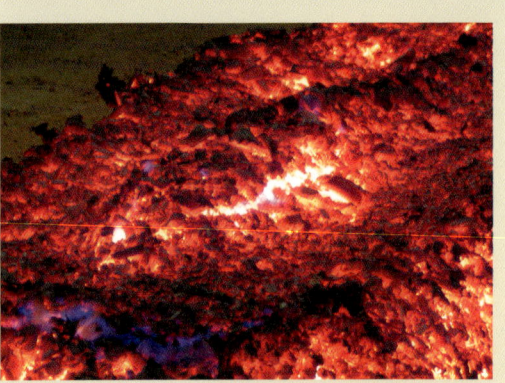

できあがった鉧(ケラ)　写真提供：(財)日本美術刀剣保存協会

東京工業大学名誉教授

永田和宏 氏

たたら製鉄は、粘土で築いた箱型の低い炉に、原料の砂鉄と還元剤の木炭を装入し、鞴(ふいご)で送風する日本古来からの製鉄技術。6世紀後半以降に朝鮮半島から伝えられたと考えられ、時代とともに進化し、江戸中期に技術的に完成した。生産性が劣っていたため競争に勝てず、大正12年に商業生産を終了した。その後も断続的に日本刀の原料として生産が続けられたが、戦後途絶え、昭和52年に(財)日本美術刀剣保存協会が文化庁の補助事業として、島根県仁多郡横田町で復活させ、今日に至る。

　永田教授はこのたたらに注目し、長年調査研究を続けると同時に、日本鉄鋼協会「ものづくりワーキンググループ」の主査を務め、各地で小中学生等を対象に「たたらづくり」の実践教育を行っている。

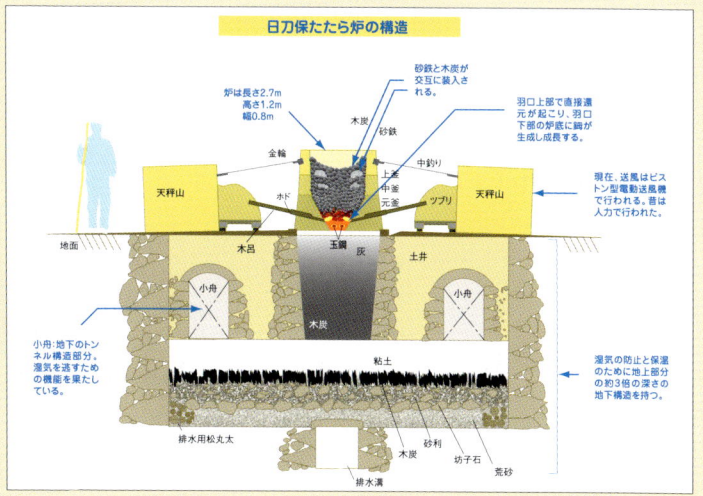

炉の下部から空気を脈動的に吹き込むと同時に、木炭と砂鉄を交互に装入し、3昼夜1操業で約3トンの鋼(鉧=ケラ)と銑鉄(銑=ズク)を生産する。炉は1操業ごとに取り壊され、作り直される。

　最も重要なことは、事実から物事を判断するということです。作ったり、実験して理解することが大切です。酸化鉄の表面をナノサイズの原子レベルで見てみると、そこには大きな驚きと発見があります。炭素原子と鉄や酸素原子の接材方法の研究から、さらに新しい鉄づくりの条件が見つかるかもしれません。

　たたら製鉄では、原料である砂鉄・木炭の品質から、炉の構造、反応、製品化まで、鉄づくりの流れが全てわかります。近代製鉄はそのプロセスが見えにくく、一般の人にはわかりづらい。年間1億トン作って、鉄が生活に溢れているはずなのに、陶芸教室のように個人が楽しむ世界がありません。その点、たたら製鉄は自分でいじくれる陶芸のような側面を持っているのでそこが魅力です。

　現代の製鉄技術は、プロセス全体で考えると石炭の有効活用なども含めて徹底的に効率性が追求されていますが、「たたら」ではこんなに優れた鉄が簡単に作れます。ぜひ、その原理を使って、効率的に、高品位の鉄を作ることにチャレンジしたいものです。「たたらを現代に！」という気持ちです。

永田 和宏　ながた・かずひろ
1969年、東京工業大学工学部金属工学科卒業、1975年同大学院理工学研究科博士課程修了、工学博士。ベネズエラ国立科学研究所主任研究員を経て、1992年より東京工業大学教授。この間、マサチューセッツ工科大学(MIT)客員助教授も務める。専門分野は、鉄冶金学、熱力学、非平衡熱力学、高温物理化学。日本鉄鋼協会俵論文賞、日本金属学会功績賞・論文賞、日本鉄鋼協会学術功績賞など受賞多数。

鉄に願いを

硬い鉄を自在に操る

伝統工芸作家
第五十二代
明珍宗理 氏

平安時代から850年続く甲冑師・明珍家の第五十二代目当主である明珍宗理氏。1150年頃近衛天皇の勅命で鎧（よろい）や轡（くつわ）を献上し「音響朗々、光明白にして玉の如く、類希なる珍器なり」と『明珍』の姓を賜ったと伝えられる。明治維新以降、甲冑の需要がなくなり、5代前の当主が「火箸」に着目し専業化した。新たに生み出した「明珍火箸」の需要も、第2次世界大戦中は材料である鉄が没収され、さらに戦後は戦後燃料革命により減少する中、1965年に起死回生の思いで作った「火箸風鈴」がヒットし全国に広がった。現在では玉鋼やチタンなど新たな素材の可能性も追求している。

先代に師事して技術の勉強を始めた当初は、硬い鉄が飴細工のように形を変えていくことに驚きました。また、果たして自分にできるのかという不安もあり、正月・盆以外は休みなく毎日仕事をしました。しかし、技術を覚えた矢先、燃料革命によって火箸の需要が激減したわけです。そのときに目を付けたのが「音」です。明珍火箸は、炭を使う道具という実用性だけではなく、鍛造を経て内面から響いてくる「音」を特徴としていました。そこで逆転の発想で、火箸が必要とされない夏に使われる「風鈴」を考え出しました。

職人として期待に応えられないほど悔しいことはありませんから、鉄であればどんなものでも作ります。そもそも鉄が好きなので、鉄で新しいものを作ることが面白いんです。「硬い鉄を自在に操る」ということの奥深さが魅力です。

時代の波の中で技術を継承する使命感を持ちながら、「鉄を焼いて打つ」という技術の本質は一切変えずに、新たな機能を見いだしてきました。また、そうせざるを得なかったということでもあります。風鈴が認知されてきた最近では、今度は逆にお茶の世界などで本来の機能である火箸の注文も増えてきました。

明珍 宗理　みょうちん・むねみち
1942年姫路市生まれ。第五十二代を襲名した1993年に兵庫県技能功労賞を受賞、兵庫県指定伝統工芸に選定され、1997年には日本オーディオ協会が選ぶ「日本の音の匠」に。「日本文化デザイン賞」大賞、特別賞（2003年）、「姫路市芸術文化賞」（2004年）などを受賞。2014年秋「黄綬褒章」受章。

鉄に願いを

金属の気持ちになって金属と対話する

京都大学名誉教授

牧 正志 氏

運命的出会いとなった Thin Plate Martensite (Fe-30Ni-0.42C) の電子顕微鏡写真 （田村今男先生撮影）

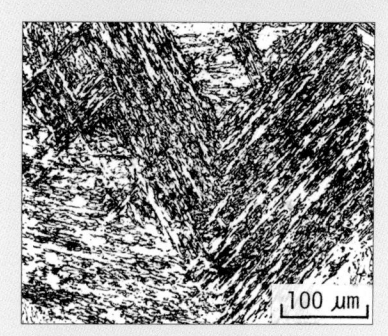

lath α'マルテンサイト (Fe-7%Ni-0.22%C)

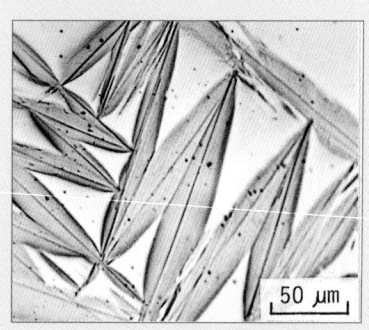

lenticular α'マルテンサイト (Fe-29%Ni-0.26%C)

日本鉄鋼協会会長も務めた牧教授は、学生時代、鉄との運命的な出会いがあり、長年鉄の研究に取り組んできた。教授のアプローチは、まず、金属の組織をじっくり見ること、つまり、「組織観察」が原点だ。「金属の気持ちになって、隅から隅までなめるように見る」ことで「金属が訴えてくる」という。つまり、常に基本に立ち返り、原理原則にのっとって物事を考えることが大切だということだ。鉄はまだまだ可能性がある「発展途上の材料」と見ている牧教授。「鉄は怒っています、『もっと魅力があるんだ』と言っています」

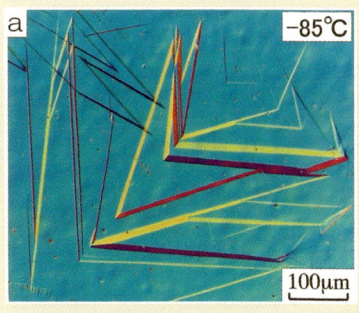

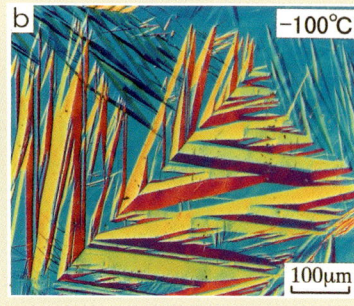

Fe-Ni-Co-Ti 形状記憶合金の熱弾性型マルテンサイト。冷却に伴ってマルテンサイトが成長している。（写真 a → b）

私は、幸いにも学生の時に、鉄の面白さを知りました。面白ければ愛着が湧き、愛着が湧けば、また面白くなります。今では、まるで鉄は生き物のように見えるんです。そして鉄の中身がわかり、会話ができるような気がします。鉄は熱処理したり、合金化したりすると、組織は忠実に変化し、まるで血の通った生き物のように思えてくるのです。

鉄鋼の魅力の1つは、200メガパスカルから3ギガパスカルという広範囲の強度レベルをカバーできることで、そのために、自動車用薄鋼板のような軟らかいものから、刃物、工具のような硬いものまでできるのです。これは、他の金属材料にない鉄鋼の最大の魅力です。なぜ、鉄鋼材料がこのような広い強度レベルをカバーできるのか。それは、鉄鋼にはフェライト、パーライト、ベイナイト、マルテンサイトといったさまざまな相変態があり、それらの強度レベルがそれぞれ大きく異なっているためです。しかも、炭素が侵入型元素であるというのも、他の金属材料には見られない特長です。

我々は利用する変態組織を使い分けて、さまざまな強度を得、多様な用途に対応しています。これらの変態組織はそれぞれに異なった個性をもっており、組織の強化や靱化の方法が異なります。これが鉄鋼材料の面白いところであり、また難しい点でもあるのです。

牧 正志　まき・ただし
1943年生まれ。1966年京都大学工学部金属加工学科卒業。同大学院（金属加工学専攻）を経て1969年京都大学助手。1973年『準安定オーステナイト鉄合金のマルテンサイト変態誘起塑性（TRIP）現象に関する研究』にて京都大学工学博士の学位取得。1976年同大学助教授、1988年同大学教授。2007年3月定年退職。日本鉄鋼協会会長、日本熱処理技術協会会長など多数の要職を務める。日本鉄鋼協会学会賞（西山賞）（2007年）、日本金属学会賞（2009年）、日本鉄鋼協会俵賞（2015年）ほか、受賞多数。

鉄に願いを

自分の心を映し出す
鉄は、素直です

「雲谷-Ⅱ（熊と鮭に）」（2003年、部分、photo by 山本 絓）

彫刻家

青木野枝 さん

新潟・中里村の小学生の作品と青木さん（越後妻有アートトリエンナーレ2003におけるワークショップより）

鉄の彫刻家、青木野枝さんは1980年代初めから一貫して鉄を素材とし、溶断、溶接することで、新鮮で軽やかな作品を作り続けている。コルテン鋼を細く溶断して、溶接するという一見シンプルな制作プロセスから、美術館の屋内や野外の空間に新たな発見を誘う斬新な作品を次々と生み出している。ひとたび青木野枝さんの手にかかると、普通は建造物などに使用される鉄鋼製品が、無限の広がりを感じさせ、しなやかな雰囲気をかもし出すのが不思議だ。鉄に対する思いは熱く、子供たちを対象としたワークショップも各地で手がけ、鉄の持つ魅力を、実際の体験を通じて幅広く人々に伝えている。

「花玉」(2004年、耐候性鋼コルテン、photo by 山本 絢)

　私は構想するとすぐ形にしてみたくなるので、鉄板をパッと切って線を作り、それをピッと溶接して形を作ります。熱い鉄が太陽みたいに白い輝きを放っている状態から、オレンジ色、そしてだんだん冷えて元の鉄の色になっていくとき、最後にすっと透明に見える瞬間があるんですね。それだからでしょうか、鉄には透明感を感じます。創作活動をしている自分の心の状態を素直に映し出すところも好きです。

　鉄を使っているとき、自分自身をごまかして創作すると、あくが浮くというか、作品が濁る感じがします。作品に出てしまうからやめておこう、と自分の日常の行動を制することもあります。鉄はただの素材というより自分と対等、あるいは尊敬の対象ですね。

　子供たちの鉄で作品を作るワークショップでは、最初は火花が飛ぶとビクビクしていた子も、そのうちいとも簡単にどんどん面白いものを作っていく。「鉄って簡単だ。自分に近い鉄という物質は自分の手で切れて、くっつけられるんだ」と思ってもらえたら嬉しいですね。作品の出来よりも、溶断・溶接して作る時間そのものを楽しんでほしいと思います。子供たちの頭の中で想像が豊かにふくらんでいくのを感じるのは、本当に面白いですよ。

青木 野枝　あおき・のえ
東京生まれ。武蔵野美術大学造形学部彫刻学科卒業、1983年同大学院造形研究科（彫刻コース）修了、1997年第9回倫雅美術奨励賞（創作部門）受賞、2000年平成11年度（第50回）芸術選奨文部大臣新人賞受賞、2000年目黒区美術館個展「軽やかな鉄の森」、2001年「椿会展」資生堂ギャラリー（～2004年）、2002年キッズ・アート・ワールドあおもり2002～こどもの時間～田子町、2003年個展「熊と鮭に」国際芸術センター青森、越後妻有アートトリエンナーレ2003（新潟）、第33回中原悌二郎賞優秀賞受賞、第20回記念 現代日本彫刻展下関市立美術館（植木茂記念）賞受賞。2004年個展「空の水」下山芸術の森発電所美術館（富山）。

鉄に願いを

「鉄と色糸の無限大の可能性を探る〈旅〉」へ

美術家

辻けい さん

メキシコでのフィールド・ワーク・インスタレーション 「染織した糸 2001」撮影／辻けい

砂鉄を素材にした作品

稲村ガ崎の海岸で砂鉄をすくう辻さん

自ら染めた糸やそれを織った布をさまざまな自然の中に置いてみる。17歳の時、植物で染められた鮮やかな万葉色に出会い、その魅力に引き込まれた辻さんは、今でもその感動を忘れずに、自己（染織した布）と時空（自然界の原理）との関わりを探求している。元々民族学の手法である「フィールド・ワーク」の概念で、世界各地を訪ね、織り上げた布を、川に流し、大地に置く。その「無限大の可能性を探る〈旅〉」には、決められた「ジャンル」や「ルール」はない。ただ、「心地よい空間を」を求めていく旅だという。絹糸を染め上げた織物をベースとした辻さんの活動にはさまざまな素材に出会う。しかし、その中でも、最近の辻さんにとって鉄は特別なものだという。

旧新日鉄の広報誌「NIPPON STEEL MONTHLY」の表紙

　2003年の初夏、媛蹈鞴五十鈴姫命（ひめたたらいすずのひめのみこと）を奉った奈良の神社を訪れたことが始まりです。神武天皇の皇后と伝えられる姫の名前が、「たたら」ということで、太古から人類の文化を支えてきた鉄が、赤い染料の成分であり、染織の世界では染めた色を安定させる媒染剤として重要な役割を果たしてきたことを思い起こしました。若いころに沖縄で出会った泥染めも鉄分が大切です。今回、新日鉄の広報誌の表紙を「鉄」と「染織」とでコラボレーションをするというアイディアが出てきたとき、私はすぐそのことを思い出しました。

　普通「鉄」といえば、固体の鉄を思い出しますが、私のように染織をしていると鉄の役割を肌で感じています。川に流したときの"染織"が川の水に含まれる鉄分で微妙な色の変化を見せます。地球の30％の重量を占める鉄。思えば、鎌倉・稲村ガ崎のアトリエも眼下の海岸は真っ黒な砂鉄が広がっています。「鉄」との出会いは、「鉄」と「染織」を組み合わせてデザインしようというような恣意的なものではなく、まさに大地と人間の感覚が出合うフィールド・ワークであり、とても奥深く探究心に満ちた不思議な経験です。

　偶然ですが、今夏に初めて胃を切るという、大きな手術をしました。驚いたことに、その時に、また、鉄の有り難味がわかったのです。手術後、服用したのが鉄分を含む造血剤でした。鉄によって生かされている。まさに自分の体は自分だけのものではない、肉体は借り物なんだということが身にしみてわかったのです。鉄分を取り入れ、回復を図り、もう既に服用の必要がなくなりましたが、これからもまた、鉄にかかわりながら「鉄と色糸の無限大の可能性を探る〈旅〉」へ出て行こうと思います。

辻 けい　つじ・けい
東京都生まれ。1979年、多摩美術大学大学院美術研究科修了。深層心理を分析した空間構成の作品「夢中遊行」シリーズを81年より発表。86年より染と織を主体に世界各地の砂漠、森、水辺を訪ね、「フィールド・ワーク」によるインスタレーションを展開。2001年、「ヘルシンキ・テーレ湾プロジェクトに参画した8人の作家たち」展、「アクションズ8848」で野口健清掃登山隊が持ち帰ったゴミ（酸素ボンベ）の再生アートを担当。辻さんの母校・桐朋小学校で収録された「課外授業　ようこそ先輩」（NHK）にも出演するなど幅広く活躍中。

INDEX

ABC順

項目	ページ
CAFE＊	132
DAPS	52
DH真空脱ガス法	73
DP（Dual Phase）鋼	137
EELS（エレクトロン・エネルギーロス・スペクトロスコピー）	89
EMS（In-mold electromagnetic stirrer）	78
ft-lb（1.4J）＊	118
GA（合金化溶融亜鉛めっき鋼板）	146
GI（溶融亜鉛めっき鋼板）	146,148
HCミル（6重圧延機）	97
HSM（ホットストリップミル）	94
IF（極低炭素）鋼	89,135
KR（Kanbara Reactor）法	70
LD-ORP	72
LMF（Level Magnetic Field）	77
LNGタンク用鋼材	31
L処理（潤滑皮膜付きめっき）	152
MFB（Multiple Function Burner）	75
MPa（メガパスカル）＊	136
MURC（Multi-Refining Converter）法	72
μm＊	79
ppm＊	75
REDA（Revolutionary Degassing Activator）	75
RHF（回転炉床式還元炉）	56
RH真空脱ガス法	74
SCOPE21（次世代型コークス製造法）	58
SMP（冷鉄源溶解法）	72
SOD（スーパーオキシドジスムターゼ）	18
TFS（Tin Free Steel）	145
TiN（窒化チタン）	124
TiO$_2$（ルチール）	120
TRIP（Transformation Induced Plasticity）鋼	137
TRT（炉頂圧発電システム）	45
UO鋼管	34

50音順

◆あ行◆

項目	ページ
アーク	114
I（アイ）形鋼	29
亜鉛鉄板	32
亜鉛めっき	140,143
亜鉛めっき鋼板	32
厚板	31
圧延	94
圧延ロールの磨耗均一・軽減化技術	106
圧縮鋳造	82
圧接	113
厚目付けGA	149
α（アルファ）鉄＊	63
アモルファス＊	153
アルミナ＊	46
イオン化傾向＊	16
鋳型内電磁撹拌（EMS）	78
異形棒鋼	28
板幅漸減の法則	103
一次精錬	64
一体圧延車輪	29
隕鉄	62
上底吹き転炉	68
上吹き転炉	68
H（エイチ）形鋼＊	29,76
H（エイチ）型タンディッシュ	77
エキスパートシステム	54
L（エル）処理（潤滑皮膜付きめっき）	152
エンボス	35
大河内記念生産特賞＊	52
オーステナイト（系）＊	35,137
オキサイドメタラジー＊	88,118
押出し	94

◆か行◆

項目	ページ
解析技術	84
回転力	34
回転炉床式還元炉（RHF）	56
角鋼	28
核融合	10
加工熱処理＊	88
加工誘起変態	138
ガスシールドアーク溶接	114,124
化成処理	141
型鉄	28
形鋼	29
片面サブマージアーク溶接技術	118
片面溶融亜鉛めっき鋼板	149
カタラーゼ	18
活性酸素＊	18
カナダコード＊	149
カラーステンレス	35
ガルバリウム鋼板	32
還元＊	16
間接還元	40
完全自動溶接技術	126
カントバック法（アーク放電を利用した解析技術）	89
ガンマー（γ）鉄＊	63
緩冷却	87
犠牲防食型皮膜	142
基礎杭用	29
凝固殻	81
凝固偏析モデル＊	84

（＊印は、用語解説有を示す）

INDEX

共晶点温度＊	62
金属元素	17
金属被覆	141
均熱処理	88
坑枠鋼	29
空気液化分離装置	68
クラウン（板幅方向板厚差）	96
クラウン・形状計算モデル	100,104
クラウン遺伝係数	100
グリーンフィールド＊	58
クロメートフリー鋼板	33
軽圧下（ソフトリダクション）＊	83
軽軌条	29
計算熱力学	84
計算流体力学	84
形状変化係数	100
珪素鋼板	34
軽量（H）形鋼	29,31
原子	8
原子核崩壊（β崩壊）＊	9
原燃料の事前処理	49
原料挿入装置	42
鋼管	28,34
高強度鋼板	32
合金化処理	146
合金化（処理）溶融亜鉛めっき鋼板（GA）	32,146
高周波電流＊	151
恒星	9
高精度圧延技術	106
酵素＊	18
構造材用	29
高速レーザー溶接	124
高耐食性亜鉛めっき鋼板	32
高張力鋼＊	31,90,126
高張力熱延鋼板	31
高度な総合的計算機適用技術	108
鋼板	28
鋼片	28
鋼矢板	30
高炉（溶鉱炉）	38
高炉操業診断技術	54
コークス炉	40,52
極低炭素鋼（IF鋼）	75,89,135
コフィン（棺桶）スケジュール	103
固溶強化	136
固溶チタン＊	89

◆さ行◆

サブマージアーク溶接	115,118
酸化チタン＊	89
酸化物冶金（オキサイドメタラジー）	124
酸性底吹き転炉法	67
シアノバクテリア	13
次世代コークス製造技術（SCOPE21）	58
自動運転システム	106
自動車車体用防錆鋼板	145
磁場	86
シミュレーション技術	54
シャフト炉＊	38
シャルピー値＊	118
重軌条	29
樹枝状晶間＊	82
潤滑鋼板	33
焼結機	52
焼結工程における選択造粒	52
状態図＊	62
真空脱ガス技術	66,72
新世紀構造用材料＊	91
垂直曲げ型（バーチカルベンディング）	79
スーパーオキシドジスムターゼ（SOD）	18
スーパーメタル＊	91
スケージュールフリー圧延	104
スチールコード＊	80
ストリップキャスティング	91
スパイラル鋼管＊	34,102
スラグ＊	40
スラグ処理	80
スラブ	31
製鋼プロセス	64
生産工程管理技術	108
脆性破壊＊	117
製造技術総合シミュレーションシステム	109
製品の平坦度、断面形状の自在制御技術	106
析出強化	136
設備総合診断システム	106
設備的対策	81
旋回シュート	42
旋条大砲＊	67
線材	28
銑鉄	28
専用炉 LD-ORP	72
粗鋼	28
組織制御	138
塑性加工＊	94
外法一定 H 形鋼	29

◆た行◆

ダークマター	8
第1世代の終焉	9
耐指紋性鋼板	33
耐食合金鋼	29
耐食性鋼板	31
タイタン	35
第2世代	10

INDEX

大入熱溶接・・・・・・・・・・・・・・・・・・・・・・・・・・・・・118
大入熱溶接用鋼・・・・・・・・・・・・・・・・・・・・118,124
耐摩耗鋼板・・・・・・・・・・・・・・・・・・・・・・・・・・・・・31
多元平衡計算＊・・・・・・・・・・・・・・・・・・・・・・・・・84
たたら製鉄＊・・・・・・・・・・・・・・・・・・・・・・・・38,64
炭酸ガスアーク溶接・・・・・・・・・・・・・・・・・・・120
弾性変形＊・・・・・・・・・・・・・・・・・・・・・・・・・・・・・95
鍛接鋼管・・・・・・・・・・・・・・・・・・・・・・・・・・・・・・・34
鍛造・・・・・・・・・・・・・・・・・・・・・・・・・・・・・・・・・・・94
タンディッシュ＊・・・・・・・・・・・・・・・・・・・・・・・77
地球・・・・・・・・・・・・・・・・・・・・・・・・・・・・・・・・・・・12
チタン酸化物・・・・・・・・・・・・・・・・・・・・・・・・・120
チタン酸化物鋼・・・・・・・・・・・・・・・・・・・・・・・124
チタン製マフラー・・・・・・・・・・・・・・・・・・・・・・35
窒化チタン（TiN）・・・・・・・・・・・・・・・・・・・・124
中心核、マントル、地殻・・・・・・・・・・・・・・・・12
鋳造・・・・・・・・・・・・・・・・・・・・・・・・・・・・・・・・・・・94
鋳造プロセス・・・・・・・・・・・・・・・・・・・・・・・・・・76
鋳鉄・・・・・・・・・・・・・・・・・・・・・・・・・・・・・・・・・・・62
超新星爆発・・・・・・・・・・・・・・・・・・・・・・・・・・・・10
超深絞り鋼板＊・・・・・・・・・・・・・・・・・・・・・・・79
直接還元・・・・・・・・・・・・・・・・・・・・・・・・・・・・・・40
直接製鉄・・・・・・・・・・・・・・・・・・・・・・・・・・・・・・38
直接溶融資源化システム・・・・・・・・・・・・・・・56
継目無（シームレス）鋼管・・・・・・・・・・・・・34
抵抗スポット溶接・・・・・・・・・・・・・・・・・・・・124
テーラードブランク溶接＊・・・・・・・・・・・124
ティンフリースチール（錫無し鋼板）・・・33
鉄鉱床・・・・・・・・・・・・・・・・・・・・・・・・・・・・・・・・13
鉄鉱石・・・・・・・・・・・・・・・・・・・・・・・・・・・・・・・・28
鉄心・・・・・・・・・・・・・・・・・・・・・・・・・・・・・・・・・・34
テルミット・・・・・・・・・・・・・・・・・・・・・・・・・・・114
テルミット溶接＊・・・・・・・・・・・・・・・・・・・113
電気抵抗シーム溶接・・・・・・・・・・・・・・・・・124
電気抵抗スポット溶接・・・・・・・・・・・115,126
電気抵抗熱・・・・・・・・・・・・・・・・・・・・・・・・・・114
電気めっき・・・・・・・・・・・・・・・・・・・・・・141,144
電気めっき法・・・・・・・・・・・・・・・・・・・・・・・・・32
電気炉・・・・・・・・・・・・・・・・・・・・・・・・・・・・・・・38
電子顕微鏡技術（EELS）・・・・・・・・・・・・・・89
電磁鋼板＊・・・・・・・・・・・・・・・・・・・・・・・・・・・75
電子構造計算＊・・・・・・・・・・・・・・・・・・・・・・84
電磁鋳造（EMC）・・・・・・・・・・・・・・・・・・・・86
電子ビーム溶接＊・・・・・・・・・・・・・・・・・・・113
電磁ブレーキ・・・・・・・・・・・・・・・・・・・・・・・・・77
電磁流動解析・・・・・・・・・・・・・・・・・・・・・・・・・84
電磁力＊・・・・・・・・・・・・・・・・・・・・・・・・・・・・・86
電縫鋼管・・・・・・・・・・・・・・・・・・・・・・・・・・・・・34
転炉法・・・・・・・・・・・・・・・・・・・・・・・・・・・・・・・64
同一炉 LD-ORP・・・・・・・・・・・・・・・・・・・・・・72
等辺山形鋼・・・・・・・・・・・・・・・・・・・・・・・・・・・29

トーマス転炉（塩基性底吹き転炉法）・・・67
特殊線材・・・・・・・・・・・・・・・・・・・・・・・・・・・・・28
取鍋＊・・・・・・・・・・・・・・・・・・・・・・・・・・・・・・・70
◆な行◆
内部応力＊・・・・・・・・・・・・・・・・・・・・・・・・・・・99
鉛フリー表面処理鋼板＊・・・・・・・・・・・・・126
二次精錬・・・・・・・・・・・・・・・・・・・・・・・・・・・・・64
二相系・・・・・・・・・・・・・・・・・・・・・・・・・・・・・・・35
入射エレクトロン＊・・・・・・・・・・・・・・・・・・89
ニュートリノ・・・・・・・・・・・・・・・・・・・・・・・・・10
ニューロ理論＊・・・・・・・・・・・・・・・・・・・・・・54
熱延広幅帯鋼・・・・・・・・・・・・・・・・・・・・・・・・31
熱延コイル（熱延鋼板）・・・・・・・・・・・・・・31
熱押形鋼・・・・・・・・・・・・・・・・・・・・・・・・・・・・・30
熱間圧延・・・・・・・・・・・・・・・・・・・・・・・29,31,94
熱間押出法・・・・・・・・・・・・・・・・・・・・・・・・・・・30
熱間改質＊・・・・・・・・・・・・・・・・・・・・・・・・・・・57
熱間電気抵抗溶接鋼管・・・・・・・・・・・・・・・34
野だたら・・・・・・・・・・・・・・・・・・・・・・・・・・・・・64
ノルディックコード＊・・・・・・・・・・・・・・149
◆は行◆
バイオマスエネルギー＊・・・・・・・・・・・・・・59
ハイクロム＊・・・・・・・・・・・・・・・・・・・・・・・106
排滓＊・・・・・・・・・・・・・・・・・・・・・・・・・・・・・・・71
ハイテン（高張力鋼）＊・・・・・・・99,124,132
ハイブリッド溶接技術・・・・・・・・・・・・・・127
灰分＊・・・・・・・・・・・・・・・・・・・・・・・・・・・・・・・46
パウダリング現象・・・・・・・・・・・・・・・・・・・151
鋼・・・・・・・・・・・・・・・・・・・・・・・・・・・・・・・・28,62
バリア型防食皮膜・・・・・・・・・・・・・・・・・・・142
バルジング変形＊・・・・・・・・・・・・・・・・・・・・81
パルス制御＊・・・・・・・・・・・・・・・・・・・・・・・126
半田缶・溶接缶・深絞り缶（DI 缶）・・・33
ピアノ線材・・・・・・・・・・・・・・・・・・・・・・・・・・・28
光触媒＊・・・・・・・・・・・・・・・・・・・・・・・・・・・121
ビッグバン・・・・・・・・・・・・・・・・・・・・・・・・・・・・8
引張応力＊・・・・・・・・・・・・・・・・・・・・・・・・・・81
被覆アーク溶接・・・・・・・・・・・・・・・・・・・・・115
表面処理・・・・・・・・・・・・・・・・・・・・・・・・・・・・141
表面処理鋼板・・・・・・・・・・・・・・・・・・・・・・・・31
表面技術協会＊・・・・・・・・・・・・・・・・・・・・・153
平鋼・・・・・・・・・・・・・・・・・・・・・・・・・・・・・・・・・28
ファジー理論＊・・・・・・・・・・・・・・・・・・・・・・54
ふいご・・・・・・・・・・・・・・・・・・・・・・・・・・・・・・・38
フェライト系・・・・・・・・・・・・・・・・・・・・・・・・・35
不活性ガス＊・・・・・・・・・・・・・・・・・・・・・・・・66
複合型鉄製造法・・・・・・・・・・・・・・・・・・・・・58
普通線材・・・・・・・・・・・・・・・・・・・・・・・・・・・・・28
不等辺山形鋼・・・・・・・・・・・・・・・・・・・・・・・・29
ブライトモデル・・・・・・・・・・・・・・・・・・・・・・54
プラズマ＊・・・・・・・・・・・・・・・・・・・・・・・・・114

（＊印は、用語解説有を示す）

INDEX

プラズマ加熱＊	84
フラックス法	140
ブリキ	33
フレーキング現象	150
プレコート鋼板	33
分塊圧延機＊	76
分布制御方法	42
ペアクロスミル	97
ヘアライン	35
平炉（蓄熱炉）	67
ベッセマー転炉	67
ヘモグロビン＊	17
変態強化	136
棒鋼	28
方向性電磁鋼板	34
防錆亜鉛めっき鋼板＊	126
北海の石油掘削大型海洋構造物	124
ホットコイル	31
ホットストリップミル（HSM）	94,102

◆ま行◆

μm（マイクロメートル）＊	79
マグ溶接	120
摩擦圧接	124
摩擦係数＊	148
摩擦熱	114
マッシュシーム溶接	113
豆炭形状	72
丸鋼	28
マルテンサイト（系）＊	35,137
ミグ・ティグ溶接＊	113
溝形鋼	29
脈石＊	46
ミルストレッチ＊	106
無機被覆	141
無方向性電磁鋼板	34
めっき	140

◆や行◆

ヤード＊	104
冶金的対策	81
山形鋼	29
山元＊	59
UO（ユーオー）鋼管	34
有機被覆	141
有機物＊	16
融着帯	49
誘導加熱方式	151
ユニバーサル圧延機	29
良い電磁鋼板	34
溶鋼	28
溶鋼静圧＊	87
溶接	118
溶接鋼管	34
溶銑	28
溶銑・スラグ桶＊	42
溶銑予備処理	64
溶体化熱処理＊	88
溶断	112
溶・鍛接鋼管	31
溶融亜鉛めっき鋼板（GI）	146,148
溶融めっき	141.144
溶融めっき法	32
溶融溶接	112
4重圧延機	96

◆ら行◆

ラビットモデル	54
ラミネート鋼板	33
リベット継手	116
リベット接合＊	113
ルチール（TiO2）	120
冷延鋼板	31,32
冷間圧延	94
冷却変態	122
冷銑	28
冷鉄源溶解法（SMP）	72
レーザビーム	114
レーダ（REDA）法	75
連続式溶融亜鉛めっき法（Sendzimir法）	140
連続焼鈍工程＊	145
連続鋳造機	76
連続鋳造パウダー	79
ろう接	113
ろう付け	124
ロールシフト技術（システム）	106
6重圧延機（HCミル）	97,104
炉芯コークス層	51
炉体冷却設備（ステーブ・クーラー）	43
炉頂圧発電システム（TRT）	45
露天掘り＊	14

◆わ行◆

惑星	12
悪い電磁鋼板	34
湾曲型鋳造機	78

監修者　プロフィール

奥野　嘉雄（おくの　よしお）

工学博士　元 新日本製鉄㈱フェロー

1938 年生まれ、岐阜県出身。
1961 年入社。1993 年フェローを経て、2002 年より顧問。
1974 年　Iron and Steel Society of AIME
　　　　AIME Ironmaking Conference Award 受賞
1988 年　(社) 日本鉄鋼協会　西山記念賞
1991 年　科学技術庁長官賞　科学技術功労者表彰
1993 年　(社) 日本鉄鋼協会　山岡賞
1996 年　紫綬褒章
1999 年　(社) 日本鉄鋼協会　香村賞
2005 年　(社) 日本鉄鋼協会　野呂賞
2006 年　(社) 日本エネルギー学会　功績賞

松宮　徹（まつみや　とおる）

Sc.D.　元 新日本製鉄㈱フェロー

1949 年生まれ、京都府出身。
1973 年入社。2001 年フェローを経て、2009 年より顧問。
1980 年　(社) 日本塑性加工学会　会田技術奨励賞
1985 年　(社) 日本鉄鋼協会　俵論文賞
1991 年　(社) 日本金属学会　功績賞（金属加工部門）
1999 年　(社) 日本鉄鋼協会　西山記念賞
2002 年　文部科学大臣賞　研究功績者表彰
2003 年　APDIC　Industrial Award（グループ受賞）
2005 年　(社) 日本金属学会　功労賞
2007 年　(社) 日本鉄鋼協会　香村賞

菊間　敏夫（きくま　としお）

工学博士　元 新日本製鉄㈱フェロー

1939 年生まれ、群馬県出身。
1964 年入社。1995 年フェローを経て、2002 年より顧問。
1974 年　Iron and Steel Society of AIME
　　　　AIME Ironmaking Conference Award 受賞
1987 年　第 33 回大河内記念賞
1994 年　科学技術庁長官賞　科学技術功労者表彰
2001 年　(社) 日本鉄鋼協会　香村賞
2002 年　紫綬褒章

百合岡　信孝（ゆりおか　のぶたか）

工学博士　元 新日本製鉄㈱フェロー

1940 年生まれ、大阪府出身。
1965 年入社。1995 年フェローを経て、2001 年より顧問。
1998 年　(社) 日本鉄鋼協会　浅田賞
1999 年　(社) 溶接学会　佐々木賞
2003 年　文部科学大臣賞　科学技術功労者表彰
2004 年　国際溶接学会　パトン賞

山崎　一正（やまざき　かずまさ）

工学博士　元 新日本製鉄㈱ 技術開発本部
技術開発企画部 部長

1950 年生まれ、東京都出身。
1976 年入社。研究部長、品質管理部長、技術開発本部
技術開発企画部部長を歴任。
2005 年より日本金属（株）勤務。

宮坂　明博（みやさか　あきひろ）

工学博士　元 新日鉄住金㈱ 副社長

1954 年生まれ、広島県出身。
1976 年入社。2013 年副社長を経て、2016 年より顧問。
2005 年　(社) 日本鉄鋼協会　西山記念賞
2011 年　(社) 日本鉄鋼協会　香村賞
2019 年　(社) 日本鉄鋼協会　渡辺義介賞

日本製鉄株式会社

本　　社：東京都千代田区丸の内2-6-1
発　　足：2012年10月1日
資本金：4,195億円

カラー図解
鉄と鉄鋼がわかる本

2004年11月10日　初　版　発　行
2023年12月1日　第26刷発行

編著者　日本製鉄（株）© NIPPON STEEL CORPORATION 2004
発行者　杉本淳一

発行所　株式会社 日本実業出版社　東京都新宿区市谷本村町3-29 〒162-0845
　　　　編集部　☎ 03-3268-5651
　　　　営業部　☎ 03-3268-5161　　振　替　00170-1-25349
　　　　　　　　　　　　　　　　　　　https://www.njg.co.jp/

印刷／壮光舎　　製本／共栄社

この本の内容についてのお問合せは、書面かFAX（03-3268-0832）にてお願い致します。
落丁・乱丁本は、送料小社負担にて、お取り替え致します。

ISBN 978-4-534-03835-7　Printed in JAPAN

日本実業出版社の本
「鉄と鉄鋼がわかる本」シリーズ

好評既刊!

カラー図解
鉄の未来が見える本

定価 本体 1,800円（税別）

鉄という素材の特徴や、機能材としての鉄を活用した「線材」「棒鋼」「電磁鋼板」「ステンレス」を紹介。

カラー図解
鉄の薄板・厚板がわかる本

定価 本体 1,800円（税別）

主要な鉄鋼製品である「薄板」「厚板」「鋼管」を中心に、技術開発を支える解析技術や鉄鋼原料をカラーで紹介。最も身近な「鉄」の製品がよくわかる！

定価変更の場合はご了承ください。